"十三五"国家重点出版物出版规划项目

中国矿山开发利用水平调查报告

非 金 属 矿 山

主编　冯安生　许大纯　吕振福

北 京

冶 金 工 业 出 版 社

2020

内 容 提 要

　　本书是"中国矿山开发利用水平调查报告"系列丛书之一。"中国矿山开发利用水平调查报告"全面介绍了我国煤炭、铁矿、锰矿、铜矿、铅锌矿、铝土矿、钨矿、锡矿、锑矿、钼矿、镍矿、金矿、磷矿、硫铁矿、石墨矿、钾盐等不同矿种300余座典型矿山的地质、开采、选矿、矿产资源综合利用等情况，总结了典型矿山和先进技术。丛书共分为5册，分别为《煤炭矿山》《黑色金属矿山》《有色金属矿山》《黄金矿山》《非金属矿山》。该系列丛书可为编制矿产开发利用规划，制定矿产开发利用政策提供重要依据，还可为矿山企业、研究院所矿产资源节约与综合利用的指引方向，是一套具备指导性、基础性和实用性的专业丛书。

　　本书主要介绍了重要非金属矿山的开发利用水平调查情况，可供高等院校、科研设计院所等从事矿产资源开发利用规划编制、政策研究、矿山设计、技术改造等领域的人员阅读参考。

图书在版编目（CIP）数据

　　非金属矿山／冯安生，许大纯，吕振福主编 . —北京：冶金工业出版社，2020. 12

　　（中国矿山开发利用水平调查报告）

　　ISBN 978-7-5024-7497-3

　　Ⅰ . ①非… 　Ⅱ . ①冯… 　②许… 　③吕… 　Ⅲ . ①非金属矿—矿山开发—调查报告—中国 　Ⅳ . ①TD87

　　中国版本图书馆 CIP 数据核字（2020）第 266115 号

非金属矿山

出版发行 冶金工业出版社		**电　话** (010)64027926	
地　　址 北京市东城区嵩祝院北巷 39 号		**邮　编** 100009	
网　　址 www.mip1953.com		**电子信箱** service@ mip1953.com	

责任编辑　徐银河　王悦青　美术编辑　吕欣童　版式设计　孙跃红　禹　蕊
责任校对　王永欣　责任印制　李玉山
北京捷迅佳彩印刷有限公司印刷
2020 年 12 月第 1 版，2020 年 12 月第 1 次印刷
787mm×1092mm　1/16；13.75 印张；330 千字；211 页
定价 69. 00 元

投稿电话　(010)64027932　投稿信箱　tougao@cnmip. com. cn
营销中心电话　(010)64044283
冶金工业出版社天猫旗舰店　yjgycbs. tmall. com
（本书如有印装质量问题，本社营销中心负责退换）

前　言

2012 年国土资源部印发《关于开展重要矿产资源"三率"调查与评价工作的通知》，要求在全国范围内部署开展煤、石油、天然气、铁、锰、铜、铅、锌、铝、镍、钨、锡、锑、钼、稀土、金、磷、硫铁矿、钾盐、石墨、高铝黏土、萤石等 22 个重要矿种"三率"调查与评价。中国地质调查局随即启动了"全国重要矿产资源'三率'调查与评价"（以下简称"三率"调查）工作，中国地质科学院郑州矿产综合利用研究所负责"三率"调查与评价技术业务支撑，经过 3 年多的努力，在各级国土资源主管部门和技术支撑单位、行业协会的共同努力下，圆满完成了既定的"全国重要矿产资源'三率'调查与评价"工作目标任务。

本次调查了全国 22 个矿种 19432 座矿山（油气田），基本查明了煤、石油、天然气、铁、锰、铜等 22 种重要矿产资源"三率"现状，对我国矿产资源利用水平有了初步认识和基本判断。建成了全国 22 种重要矿产矿山数据库；收集分析了国外 249 座典型矿山采选数据；发布了煤炭、石油、天然气、铁、萤石等 33 种重要矿产资源开发"三率"最低指标要求；提出实行矿产资源差别化管理和加强尾矿等固体废弃物合理利用等多项技术管理建议。

为了向开展矿产资源开发利用评价、试验研究、工业设计、生产实践和矿产资源管理的科研人员、设计人员以及高校师生、矿山规划和矿政管理人员等介绍我国典型矿山开发利用工艺、技术和水平，中国地质科学院郑州矿产综合利用研究所根据"三率"调查掌握的资料和数据组织编写了"中国矿山开发利用水平调查报告"系列丛书。该丛书共分为 5 册，分别为《煤炭矿山》《黑色金属矿山》《有色金属矿山》《黄金矿山》《非金属矿山》。

《非金属矿山》包括 38 个非金属黄金矿山开发利用调查情况。

本书的出版得到了原国土资源部矿产资源储量司以及参与"三率"调查研究的有关单位的大力支持，在此一并致谢！

囿于水平，恳请广大读者对书中的不足之处批评指正。

编　者
2020 年 3 月

目 录

第 1 篇 我国非金属矿开发利用水平

第 2 篇 磷 矿

第3篇　硫　铁　矿

第4篇　钾　盐　矿

第5篇　石　墨　矿

第6篇　萤　石　矿

第1篇 我国非金属矿开发利用水平

WOGUO FEIJINSHU KUANG KAIFA
LIYONG SHUIPING

1 非金属矿工业类型及资源特征

我国非金属矿产资源丰富，矿种齐全、分布广泛，砂石、黏土、石墨、萤石及膨润土等矿产资源规模大。根据《全国矿产资源储量统计年报（2017年）》，我国现有非金属矿为93种，包括（括号中为亚矿种）：金刚石、石墨、自然硫、硫铁矿、水晶（压电水晶、熔炼水晶、光学水晶、工艺水晶）、刚玉、蓝晶石、矽线石、红柱石、硅灰石、钠硝石、滑石、石棉、蓝石棉、云母（片云母、碎云母）、长石、电气石、石榴子石、叶蜡石、透辉石、透闪石、蛭石、沸石、明矾石、芒硝、石膏、重晶石、毒重石、天然碱、方解石、冰洲石、菱镁矿、萤石矿物（普通萤石、光学萤石）、宝石、玉石（砚石）、黄玉、玛瑙、颜料、石灰岩（电石用灰岩、制碱用灰岩、化肥用灰岩、溶剂用灰岩、玻璃用灰岩、水泥用灰岩、建筑用灰岩、制灰用灰岩、饰面用灰岩）、泥灰岩、白垩、白云岩（冶金用白云岩、化工用白云岩、玻璃用白云岩、建筑用白云岩）、石英岩（冶金用石英岩、玻璃用石英岩、化肥用石英岩）、砂岩（冶金用砂岩、玻璃用砂岩、水泥配料用砂岩、砖瓦用砂岩、化肥用砂岩、铸型用砂岩、陶瓷用砂岩、建筑用砂岩）、天然石英砂（玻璃用砂、铸型用砂、建筑用砂、水泥配料用砂、水泥标准砂、砖瓦用砂）、脉石英（冶金用脉石英、玻璃用脉石英、水泥配料用脉石英）、粉石英、天然油石、含钾岩石、含钾砂页岩、硅藻土、页岩（陶粒页岩、砖瓦用页岩、水泥配料用页岩、建筑用页岩）、高岭土、陶瓷土、耐火黏土、凹凸棒石黏土、海泡石黏土、伊利石黏土、累托石黏土、膨润土、铁矾土、其他黏土（铸型用黏土、瓦砖用黏土、陶粒用黏土、水泥配料用黏土、水泥配料用红土、水泥配料用黄土、水泥配料用泥岩、保温材料用黏土）、橄榄岩（耐火用橄榄岩、化肥用橄榄岩、建筑用橄榄岩）、蛇纹岩（化肥用蛇纹岩、溶剂用蛇纹岩、饰面用蛇纹岩）、辉石岩（饰面用辉石岩、建筑用辉石岩）、玄武岩（铸石用玄武岩、饰面用玄武岩、岩棉用玄武岩、建筑用玄武岩、水泥混合材用玄武岩）、角闪岩（饰面用角闪岩、建筑用角闪岩）、辉绿岩（水泥用辉绿岩、铸石用辉绿岩、建筑用辉绿岩、饰面用辉绿岩）、辉长岩（建筑用辉长岩、饰面用辉长岩）、安山岩（建筑用安山岩、水泥混合材用安山玢岩、饰面用安山岩）、闪长岩（水泥混合材用闪长玢岩、饰面用闪长岩、建筑用闪长岩）、正长岩（饰面用正长岩）、花岗岩（建筑用花岗岩、饰面用花岗岩）、珍珠岩、浮石、霞石正长岩、粗面岩、凝灰岩（玻璃用凝灰岩、水泥用凝灰岩、建筑用凝灰岩）、火山灰、火山渣、大理岩（饰面用大理岩、建筑用大理岩、水泥用大理岩、玻璃用大理岩）、板岩（饰面用板岩、水泥配料用板岩）、片麻岩、泥炭、盐矿、镁盐、钾盐、碘、溴、砷、硼、磷矿、麦饭石。

不同于金属矿一般利用的是其某种金属元素，非金属矿利用的是元素、物化或工艺技术性能，有些可以一矿多用。如石灰岩根据用途可分为电石用灰岩、制碱用灰岩、化肥用灰岩、溶剂用灰岩、玻璃用灰岩、水泥用灰岩、建筑用灰岩、制灰用灰岩、饰面用灰岩；

白云岩根据用途可分为冶金用白云岩、化工用白云岩、玻璃用白云岩、建筑用白云岩。非金属矿既可用于建材、耐火材料、玻璃等传统领域，也可以用在高新技术领域，根据《全国矿产资源规划（2016—2020 年)》，我国战略性矿产中非金属矿产有"磷、钾盐、晶质石墨、萤石"等。

2　非金属矿主要开采矿石类型

磷矿、萤石等典型非金属矿主要开采矿石类型主要有下列几种：

（1）磷矿主要有岩浆岩型磷灰石、沉积岩型磷块岩和沉积变质岩型磷灰石，沉积变质岩型磷灰石储量大、开采量大。磷矿主要分布在云南晋宁、安宁；湖北夷陵、兴山、宜昌、保康；贵州开阳、瓮安；四川绵竹、马边、会东；湖南浏阳等地。

（2）硫铁矿包括黄铁矿、磁黄铁矿、白铁矿。按矿床成因可分为岩浆型、矽卡岩型、热液型、陆相火山型、海相火山型、沉积再造型、沉积型等7种类型。硫铁矿主要分布在广东云浮、大宝山；内蒙古乌拉特前旗、乌拉特后旗、陈巴尔虎旗；山西交口、长治；安徽省庐江、铜陵；河南灵宝、栾川；四川叙永、兴文、天全；贵州毕节、大方等地。

（3）钾盐以盐湖钾盐矿为主，少量地下卤水及沉积矿床，主要分布在青海柴达木，新疆罗布泊，西藏藏北，以及云南勐野井地区。

（4）石墨矿主要有区域变质型、混合岩化型、混染同化型、接触变质型。混合岩化型是中国主要的石墨矿床成因类型，主要分布有黑龙江鸡西（柳毛）、勃利（佛岭）、梨树、恒山、穆棱（光义）、萝北；吉林磐石；内蒙古兴和、扎鲁特旗、乌拉特中旗、阿拉善左旗；湖南鲁塘；山东南墅、平度；陕西凤县、户县、眉县；河北永年、赤城等。

（5）萤石主要开采热液充填型、沉积改选型和伴生型萤石，产地主要有福建蒲城、清流、顺昌、邵武；湖南宜章、衡南、衡东、资兴；安徽郎溪、旌德；内蒙古四子王旗、额济纳旗、达尔罕茂明安联合旗；江西吉安、永丰、兴国、德安；甘肃高台、永昌等地。

3　非金属矿矿山规模划分标准及主要矿产品

3.1　非金属矿山规模

根据"矿山生产建设规模分类一览表"对生产矿山的规模划分，非金属矿山规模划分见表3-1。

表3-1　非金属矿山规模划分

矿种类别	计量单位	大型	中型	小型
石灰岩（矿石）	万吨	≥100	100~50	<50
硅石（矿石）	万吨	≥20	20~10	<10
白云岩（矿石）	万吨	≥50	50~30	<30
耐火黏土（矿石）	万吨	≥20	20~10	<10
萤石（矿石）	万吨	≥10	10~5	<5
硫铁矿（矿石）	万吨	≥50	50~20	<20
自然硫（矿石）	万吨	≥30	30~10	<10
磷矿（矿石）	万吨	≥100	100~30	<30
蛇纹岩（矿石）	万吨	≥30	30~10	<10
硼矿（矿石）	万吨	≥10	10~5	<5
岩盐、井盐（矿石）	万吨	≥20	20~10	<10
湖岩（矿石）	万吨	≥20	20~10	<10
钾盐（矿石）	万吨	≥30	30~5	<5
芒硝（矿石）	万吨	≥50	50~10	<10
碘（矿石）	万吨	按小型矿山归类		
砷、雌黄、雄黄、毒砂（矿石）	万吨	按小型矿山归类		
金刚石	万克拉	≥10	10~3	<3
宝石（矿石）	吨	按小型矿山归类		
云母（工业云母）	—	按小型矿山归类		
石棉（石棉）	万吨	≥2	2~1	<1
重晶石（矿石）	万吨	≥10	10~5	<5
石膏（矿石）	万吨	≥30	30~10	<10
滑石（矿石）	万吨	≥10	10~5	<5
长石（矿石）	万吨	≥20	20~10	<10
高岭土、瓷土等（矿石）	万吨	≥10	10~5	<5

矿 种 类 别	计量单位	大型	中型	小型
膨润土（矿石）	万吨	≥10	10~5	<5
叶蜡石（矿石）	万吨	≥10	10~5	<5
沸石（矿石）	万吨	≥30	30~10	<10
石墨（石墨）	万吨	≥1	1~0.3	<0.3
玻璃用砂、砂岩（矿石）	万吨	≥30	30~10	<10
水泥用砂岩（矿石）	万吨	≥60	60~20	<20
建筑石料	万立方米	≥10	10~5	<5
建筑用砂、砖瓦黏土（矿石）	万吨	≥30	30~5	<5
页岩（矿石）	万吨	≥30	30~5	<5

总体来说，石墨矿山大型矿床多，采矿规模大；萤石以小型矿床为主；硫铁矿矿山规模不均衡，大型矿少，规模巨大；磷矿数量上小型矿床为主，产能上以大中型矿床为主。

3.2　非金属矿产品

非金属矿加工方法一般分为破碎分级、选矿提纯、表面改性、超细粉碎等，对应的矿产品为级配产品、精矿、粉体填料及矿物材料等。

非金属矿产品丰富，代表性矿产品见表 3-2。

表 3-2　非金属矿代表性产品

产 品	对 应 矿 种
级配产品	建筑石料、云母等
精矿	石墨、石棉、萤石、石英、红柱石、蓝晶石、夕线石、金红石、磷灰石、云母、长石等
粉体填料	碳酸钙、滑石、高岭土、硅灰石、膨润土、电气石、重晶石、水镁石等
矿物材料	石棉、石墨、蛭石、珍珠岩、云母、石膏、花岗岩、大理石等

磷矿、硫铁矿等典型矿产品介绍见表 3-3。

表 3-3　典型矿产品

序号	矿种	矿产品
1	磷矿	矿产品有酸法加工用磷矿石、黄磷用磷矿石、钙镁磷肥用磷矿石。一般要求 P_2O_5 大于24%，对 MgO、R_2O_3、CO_2、SiO_2、CaO 等含量根据用途和等级不同也有要求
2	硫铁矿	硫精矿划分为 5 个等级，其中一级要求 46%，二级品 38%，三级品 35%，四级品 29%，五级品 26%，同时对精矿中 As、F、Pb、Zn 等杂质含量有限制，适用 YS/T 337 行业标准
3	钾盐	一般以氯化钾计，按照类别可以划分为工业和农业用氯化钾，分为优等品、一等品和合格品等 3 个等级，品位要求 55%~62%

序号	矿种	矿　产　品
4	石墨	石墨精矿标准较多，按鳞片大小可分为鳞片石墨和微晶石墨精矿标准，以及多种用途类石墨标准，主要考虑碳含量、粒度大小、灰分、水分等
5	萤石	萤石矿产品一般分为粉矿、块矿和精矿产品，主要评价 CaF_2 含量，同时考虑粒度、含 Fe、As、S、P、SiO_2 等的高低。萤石精矿依据含 CaF_2 量 93%～98% 分 6 个等级，萤石块矿根据含 CaF_2 量 65%～98% 分 9 个等级，萤石粉矿则根据含 CaF_2 量 65%～98% 分 9 个等级，标准参见 YS/T 5217

4 非金属矿主要采选技术方法

4.1 磷矿采选技术

磷矿露天开采约占40%，地下开采约占60%。地下开采空场法采矿应用较多，分段空场法一般适用于开采急倾斜中厚矿体和倾斜或缓倾斜厚大矿体。马路磷矿矿块布置及构成要素：中段高度为45m，矿块沿走向布置，每个分段采用无轨斜坡道相连，每100m设一个矿石溜井，矿块宽度为矿体的水平厚度，分段高为15m，分段间矿柱宽度为4m，矿房间柱为4m，凿岩巷道距矿体底板为5m，出矿进路长为10m，出矿进路间距为10m，中段运输巷道距矿体底板距离为30m。充填采矿法也在应用，利用磷石膏、粉煤灰、水泥等充填体对采空区充填的磷矿井下充填技术在开磷等大型煤矿得到应用，不仅提高了开采回采率，同时减少了废石、磷石膏等矿业固体废弃物对土地占用和环境污染。开磷集团利用磷化工产生的废渣磷石膏、黄磷渣和采矿废渣作为井下采空区自胶凝充填料，在地面建设制浆充填站，利用浆体输送管线将改性后的磷石膏浆体和井巷工程掘进中产生的部分废渣作为充填料，自下而上分层矿房间隔开采，从上分层充填下分层采空区，待充填凝固后，再采上分层对应矿房。该法明显提高了采矿回采率（约90%），降低了矿石贫化率（4%）。开采磷矿采用井下胶带输送技术，采用大倾角胶带机输送磷矿石，输送能力大、运输成本显著降低。

露天磷矿开采几种主要工艺：
(1) 爆破—单斗—火车工艺；
(2) 爆破—单斗—汽车工艺；
(3) 爆破—单斗—汽车—胶带输送机工艺；
(4) 爆破—箕斗工艺、爆破—索道工艺；
(5) 爆破—单斗—汽车—固定破碎站—胶带输送机工艺；
(6) 爆破—单斗—汽车—半固定破碎站—胶带输送机工艺；
(7) 爆破—单斗—汽车—移动定破碎站—胶带输送机工艺。

有代表性的大、中型矿山有云南磷化、贵州瓮福、湖北黄麦岭、湖北大峪口等。晋宁磷矿采用"露天长壁式"采矿方法及"逐孔起爆"技术进行采剥生产作业，大大提高了采剥效率，同时减小了矿山开采对环境的影响。与传统采矿方法相比，"露天长壁式"采矿方法使矿山的开采强度提高70%。

磷矿选矿工艺主要有重介质选矿、单一反浮选工艺、正反浮选工艺、双反浮选工艺和反正浮选工艺。湖北宜昌地区重介质选矿应用较为广泛，分选设备采用无压三产品重介旋流器，精矿脱介后储存外运，尾矿脱介后，送至充填系统进行处理。重介质采用磁铁矿，可循环利用。瓮福自主研发"WF-01"选矿技术，使磷矿石入选品位由原设计含

$P_2O_5$30.72%降至含 $P_2O_5$25%，磷精矿回收率由原来的 87%提高到 90%以上，相当于每年增加了一座中型矿山的产量。大量原选矿工艺不能利用的瓮福磷矿低品位矿石得以利用，同时，瓮福自主研发的尾矿再选技术，使尾矿中的 P_2O_5 由 8%降至 3%左右，选出的精矿 P_2O_5 达到 28%左右，尾矿中的氧化镁富集到 20%以上，为下一步开发利用镁资源提供了条件。

4.2　硫铁矿采选技术

新桥硫铁矿由于矿石价值高，采用分段空场嗣后一次充填的采矿法，先采矿柱，矿柱回采完毕后胶结充填形成人工矿柱，在人工矿柱保护下再回采矿房，井下采用凿岩台车、铲运机等配套开采，一般用尾砂、长江砂作胶结料骨料，或者块石胶结充填系统。采场模型比例为 1：20，块石粒度 5~50mm，砂浆的质量分数为 70%，425 号硅酸盐水泥为胶凝材料。在块石胶结料的合理配比中，砂（尾砂或其他细砂）的体积分数应为 25%~30%，这样的充填体较为密实；水泥用量则占整个充填料质量的 1/15~1/10，即可使充填体具有相当高的强度。采用浮选选铜—磁选选铁—磁尾浮选选硫工艺，综合回收了矿石中的铜、硫、铁、金、银等有价元素。入选原矿硫品位 30.98%、铜品位 0.78%、全铁品位 23%、金品位 0.65g/t、银品位 10.9g/t。通过浮选回收硫精矿和铜精矿，采用磁选—浮选工艺回收铁精矿。硫铁矿回收率 95.04%、铜回收率 66%、铁回收率 57.61%、金回收率 60%、银回收率 60%；铁精矿品位 65%、硫精矿品位 30.98%、铜精矿品位 14%。

云浮硫铁矿露天采场 10：5 以下边坡采用垂直孔预裂爆，10：5 以上边坡采用倾斜孔光面加坡中孔爆破、垂直孔预裂爆破，在确保边坡安全、技术可行的情况下，合理考虑了垂直孔和斜孔设置、牙轮钻和潜孔使用范围、火药使用量。其北采区原矿品位高，矿石嵌布粒度粗，杂质含量少，易选；南部矿区矿石品位低，有用矿物嵌布粒度较细，碳质和氧化钙、氧化镁等有害杂质含量较高，矿石可浮性差，且硬度大。在南北矿混矿比为（2~3）：1 的情况下，采用常规两段粗选、两段扫选、四段精选的浮选流程，采用常规的黄药和 2 号油可将 27%左右的原矿提纯到 48%左右，回收率达到 91%左右，效果较好，浮选液面适中，生产过程中产生的中矿产品作为内销精矿，减少了中矿的恶性循环，改善了浮选操作条件。

银家沟硫铁矿采用无底柱分段崩落法，采准结构简单、生产效率较高，通过采取在通风井增加局扇增强了井下通风，通过在断面进路巷道两壁布置浅孔，与深孔同时爆破，降低了损失率，回采率保持在 79%左右。选矿方面，采用"先抑硫浮铜，再活化选硫"的浮选流程，铜回收率 76%、硫回收率 98%、金银回收率 50%左右，硫精矿品位 47%左右。

4.3　钾盐采选技术

盐湖卤水型钾矿开发利用主要包括卤水开采（采卤、输卤）、盐田滩晒制取光卤石矿、选矿制取钾肥三个关键环节。国内多采用隔离盐田靠自然蒸发晒制光卤石或混盐，盐田主要有钠盐池、调节池、光卤石池和混盐池。盐田采收分旱采和水采两种，水采盐田采用分段结晶、串联连续走水晒矿、光卤石水采船湿法连续采输技术，旱采盐田采用分段结晶、等深度分次补水晒矿、挖掘机配自卸翻斗汽车运输的方法。目前国内采用水采的只有青海盐湖工业集团和国投新疆罗布泊钾盐下属的 3 座矿山盐田，其余矿山盐田均采用旱采方式。盐湖固体钾盐浸泡式溶解转化开采，通过向含钾地层中注入不饱和溶剂，破坏原有的相平衡，使溶剂与盐层中的石盐、光卤石或含钾石盐发生交换，在保持固体氯化钠骨架基本不溶解的前提下使固体盐层中氯化钾、氯化镁最大限度地进入液相，形成新的溶液。通过应用固体钾矿浸泡式溶解转化开采技术将察尔汗盐湖固体钾矿开采工业品位由 8% 降低至 2%，该技术已经在别勒滩矿区得到推广应用。

（1）反浮选冷结晶法：反浮选冷结晶法是利用光卤石生产氯化钾的先进工艺。该工艺在国内由青海盐湖工业股份有限公司 20 世纪 90 年代研发成功。基本原理是通过浮选，将光卤石中的绝大部分氯化钠去除，得到低钠光卤石，低钠光卤石在冷结晶器中控制适当的结晶条件进行分解、结晶和细粒杂质分离，通过冷结晶，得到优质氯化钾产品。其工艺流程为：

卤水—盐田滩晒光卤石—反浮选脱钠—冷分解结晶脱镁—粗钾洗涤—精钾干燥

（2）冷分解正浮选法：冷分解正浮选法是青海地区利用光卤石生产氯化钾的传统工艺。其基本原理是通过加水，使光卤石分解，$MgCl_2$ 进入液相，而 KCl、$NaCl$ 进入固相混合物，利用脂肪类药剂使 KCl、$NaCl$ 分离得到氯化钾产品。其工艺流程为：

卤水—盐田滩晒光卤石矿—冷分解脱镁—浮选脱钠—粗钾洗涤—精钾干燥

（3）钾混盐转化结晶法：钾混盐转化结晶制取硫酸钾工艺主要工艺流程为钾混盐矿经磨矿、转化、浮选后得软钾镁矾精矿；光卤石矿经分解、浮选得粗氯化钾精矿，粗氯化钾精矿与软钾镁矾精矿一起进入洗涤作业，洗涤产品过滤后得混合钾，即选矿车间产品。混合钾送至硫酸钾车间的结晶器，加入水进行转化结晶，结晶产品经离心机脱水、干燥后获得成品硫酸钾。该选矿工艺由国投新疆罗布泊钾盐有限责任公司研发。

4.4　石墨采选技术

晶质石墨矿大多以露天开采为主，隐晶质石墨一般以地下开采为主，选矿大多采用多段再磨多段选别的工艺。鳞片石墨的多段磨矿、多段精选的生产工艺，精矿品位可达到 98%，回收率也可达到 85% 以上。鸡西贝特瑞石墨矿采用自上而下采掘，推土机结合人工剥离，凿岩爆破，机械铲运，公路汽运的采矿方式；采用浮选生产流程，采用 -20mm 原矿粗磨粗选，粗精矿经过 9 次磨矿 10 次精选闭路选矿流程。

（1）石墨层压粉碎-分质分选技术：对高压辊磨机闭路产品进行"1 粗 1 扫"浮选抛尾，粗精矿经螺旋分质机分选后得到粗粒低碳和细粒高碳两种分质产品。粗粒低碳分质产品采用立式剥片机通过 4 次再磨 4 次精选得到精矿产品；细粒高碳分质产品采用立式砂磨机经 5 次再磨 5 次精选得到精矿产品。最终闭路精矿指标为：固定碳含量（质量分数）为 94.50%，达到高碳指标，回收率为 89.94%，其中 + 0.147mm 粒级大鳞片分布率为 31.24%。

（2）低品位鳞片石墨矿大型湿法搅拌磨综合利用技术：大型湿法搅拌磨利用强化剪切力磨矿，促进矿物解离，有利于保护大鳞片又提高选别指标。鸡西天盛非金属矿业有限公司采用该技术后选矿回收率由 78% 提高到 85%。浮选工艺由原来的 8 次再磨 9 次精选改为目前的 5 次再磨 9 次精选，装机总功率降低 120kW，精矿品位由原来的 75%~90% 提高到目前的 85%~95%。

（3）湿式筛分及浓相输送技术：传统的高方筛干式筛分，是在石墨产品的粒级（-0.150mm）达到固定碳要求后，再进行脱水、烘干、分级等工序，这就造成大鳞片石墨（+0.150mm）在前端的磨浮工艺中，在达到固定碳要求的前提下，仍然继续在流程中进行磨矿、浮选，致使大鳞片被破坏，造成大鳞片石墨的损失。石墨选矿合理使用湿式筛分，利用石墨鳞片间的天然不均匀性进行选矿，有利于保护大鳞片。鸡西柳毛石墨矿使用该技术使石墨正目提取率比原来提高 3.65%，石墨回收率提高 5.34%。

4.5　萤石采选技术

浅孔留矿法是萤石矿山普遍采用的一种开采方法，高品位萤石完整性高，萤石回采率可应用较多。膏体充填是指按照一定的比例要求，将不同固体废弃物制成类似牙膏、无需脱水的膏状浆体，在泵压或者重力作用下，通过管道将膏体输送到萤石矿山的采空区进行充填。碎粉充填是指将萤石矿山开采过程中的大量碎粉回收利用填充到矿山采空区，减少地面碎粉的堆放，降低对自然生态环境的影响，提高萤石矿山回采率。某萤石矿山浅孔留矿法技术参数：矿房底部为平底结构，矿房长 40~50m，采场垂高 50m，漏斗间距 5~6m，顶柱高度为 3m，间柱宽度 6m，出矿进路间距为 8.5m，并在靠近上盘的平底结构内设置混凝土三角柱，尽可能减少矿石资源的损失，运输巷道位于矿脉外，采用铲运机出矿，铲运机型斗容 1m³，为了回收出矿进路间三角矿体，另配置 1 台斗容 1m³ 遥控铲运机。

萤石矿目前浮选较多，阶段磨矿、阶段选别、多次精选是萤石浮选的主体流程。对于石英型和硫化矿型萤石矿，一般采用油酸或氧化石蜡皂作为捕收剂，碳酸钠作为矿浆 pH 值调整剂，水玻璃作为抑制剂，经过多次精选即可得到高品质的萤石精矿。对于硫化矿型萤石矿，采用黄药或黑药等先浮出硫化物，再用脂肪酸类捕收剂浮出萤石精矿。对于碳酸盐型萤石矿，由于萤石与方解石矿物中都含有钙离子且两者的溶解性相似，在溶液中共存时存在矿物之间的相互转化，造成了萤石与方解石较难分离。因此，选择合适的抑制剂是实现萤石与方解石分离的关键。常用的抑制剂主要有水玻璃、六偏磷酸钠、腐植酸钠等。在 pH 值为 8~9.5 范围内，方解石和萤石都可以被油酸很好的捕收，需采用抑制剂调整这两种矿物可浮性的差异，从而实现二者的分选。

5　非金属矿开采回采率及其影响因素

影响磷矿、硫铁矿、钾盐、石墨和萤石开采回采率的因素主要有开发方式、开采方法、规模及矿体稳固性等。

磷矿地下开采矿山数量占比 73.33%，产能占比 56.57%；露天开采磷矿数量占比 22.78%，产能占比 40.44%。不稳固矿体的平均开采回采率为 92.86%，稳固矿体的平均开采回采率为 82.98%，极不稳固矿体的平均开采回采率为 71.93%。露天开采磷矿平均开采回采率 95.25%，地下开采磷矿平均开采回采率为 75.61%，露天-地下联合开采磷矿平均开采回采率为 78.15%。有 109 处磷矿采区（占采区总数的 60.56%）采用空场采矿法，平均开采回采率为 76.09%，6 处磷矿采区采用充填采矿法，充填采矿法平均开采回采率为 77.38%，47 处磷矿采区采用组合台阶采矿法，组合台阶采矿法平均开采回采率为 95.47%。大型矿山平均开采回采率为 86.45%，中型矿山平均开采回采率为 83.85%，小型矿山平均开采回采率为 75.53%。露天开采主流采矿方法为组合台阶法，云南磷化集团采用先进的长壁式组合台阶法，大大提高了工作效率和开采回采率。地下开采主流采矿方法为房柱法，目前已有 4 家矿山为提高开采回采率采用了先进的废料充填采矿方法。此外还有人工永久矿柱置换安全高效开采技术，工艺更优化，施工更安全，替代矿柱承载力更强，资源利用率更高。

硫铁矿平均开采回采率 89.59%，露天开采硫铁矿矿山数量占比 5.00%，产能占比 38.09%；地下开采矿山数量占比 91.25%，产能占比 37.96%；稳固矿体的平均开采回采率为 90.69%，不稳固矿体平均开采回采率为 87.11%，极不稳固矿体平均开采回采率为 85.00%。露天开采硫铁矿平均开采回采率为 94.73%，地下开采硫铁矿平均开采回采率为 85.00%，露天-地下联合开采矿山平均开采回采率为 90.41%，在影响开采回采率的诸多因素中，开采方式是主要的因素。有 45 处采区（占采区总数的 66.17%）采用空场采矿法，平均开采回采率为 87.6%；5 座硫铁矿山采用充填采矿法，平均开采回采率为 91.10%，显著高于空场采矿法、崩落采矿法的开采回采率。大型硫铁矿山平均开采回采率为 93.10%，中型硫铁矿山平均开采回采率为 83.69%，小型及以下硫铁矿山平均开采回采率为 81.82%。主流的地下采矿方法是留矿采矿法。大型露天矿山以云浮硫铁矿为代表，采用公路开拓、组合台阶法开采，采矿设备实现了机械化、大型化，设计开采回采率 95% 以上，损失率小于 5%，贫化率小于 5%。地下矿山大型矿山以新桥硫铁矿为代表，竖井开拓、充填法开采；取消底柱，采矿贫化率低，采准切割简单，千吨采切比低，有利于降低采充成本，提高矿山经济效益；采场布置灵活，便于不同矿种分采。

卤水钾盐平均盐田采收率 71.20%，固体钾盐开采回采率 69%。钾盐矿山渠道开采 7 家，井渠开采 2 家，空场法开采 1 家；空场采矿法平均开采回采率 69%，渠道开采平均开采回采率 89.11%，井渠开采平均开采回采率 63.68%。开采盐湖固体钾盐的矿山有 2 座，云南勐野井钾盐矿采用地下空场采矿法开采回采率为 69.00%，霍布逊地矿化工采用溶采法开采采收率 80%。

石墨平均开采回采率 93.29%，石墨开采以露天开采为主。露天开采矿山，采用自上而下水平分台阶式开采，基本上实现机械化开采。地下开采方法主要为崩落法，开采规模小，技术和装备较落后。露天开采矿山数量占总数的 57.41%，采矿量占总量的 92.09%，露天开采石墨矿山平均开采回采率 94.33%，地下开采石墨矿山平均开采回采率 82.25%。稳固围岩矿体的平均开采回采率为 94.34%，中等稳固围岩矿体开采回采率为 88.65%，不稳固矿体平均开采回采率为 87.82%。大型矿山平均开采回采率为 94.55%，中型矿山平均开采回采率为 90.03%，小型及以下矿山平均开采回采率为 90.85%。

萤石平均开采回采率 84.99%，萤石开采以地下开采为主，地下开采萤石矿山数量占比 96.47%，产能占比 87.77%。露天开采回采率平均为 88.47%，地下开采回采率平均为 84.53%，露天-地下联合开采回采率平均为 88.49%。628 个稳固、急倾斜矿体平均开采回采率 81.76%，83 个稳固、倾斜矿体平均开采回采率 82.35%，97% 以上的萤石矿体为围岩稳固矿体，87% 的萤石矿为急倾斜矿体。采矿总量占 67.48% 的空场采矿法采矿平均开采回采率为 84.57%，空场采矿法中主流采矿方法是留矿采矿法，平均开采回采率 85.31%，崩落采矿法采矿平均开采回采率 83.31%。大型矿山开采回采率 86.61%，中型矿山开采回采率 85.28%，小型矿山开采回采率 85.09%。萤石矿山开采规模小，无论是露天或地下开采，均以小型及以下为主。地下开采矿山一般用留矿采矿法，井下运输一般为电机车牵引矿车，基本上实现了机械化开采，与金属矿山相比工艺技术和装备较落后。部分矿山发展浅孔留矿嗣后充填法开采，矿床采场内结束放矿后充填废石，不仅提高了开采回采率，而且利用了掘进废石，提高了废石综合利用率。部分矿山采用了上行阶段回采与无矿柱开采新工艺、新技术，使回采率提高 8%~12%，提高了资源利用率。

6　非金属矿选矿回收率及其影响因素

影响磷矿、硫铁矿、钾盐、石墨和萤石选矿回收率的因素主要有矿石性质、选矿工艺及规模等。

磷矿矿石工业类型是影响磷矿选矿回收率的主要因素，磷矿矿石按照选别难易程度由易到难分别为硅质磷块岩矿石、硅钙（镁）质磷块岩矿石、磷灰石（岩）矿石、钙（镁）质磷块岩矿石。磷矿选矿多采用浮选工艺，个别采用擦洗脱泥工艺、重选工艺，磷矿平均选矿回收率 89.97%，浮选法平均选矿回收率为 89.12%，擦洗脱泥平均选矿回收率为91.82%，重介质选矿平均选矿回收率为 76.38%。擦洗脱泥回收率最高，但不能明显的提高矿石的品位，只适用于品位较高的风化矿，仅在云南省使用。重选法入选品位低，选矿回收率相对较低。我国磷品位低，以难选的磷块岩为主，在磷矿选矿技术方面处于国际先进水平，如低品位硅钙质（胶磷矿）正反浮选工业化技术、磷矿废水反浮选选矿工艺技术（WFS）、中低品位磷矿双浮选技术、中低品位磷矿浮选技术等。大型选矿厂平均选矿回收率 90.81%、中型选矿厂平均选矿回收率 85.63%、小型及以下选矿厂平均选矿回收率 89.73%。

硫铁矿选矿多采用单一浮选或浮选联合工艺，平均选矿回收率 83.93%，其中单一浮选选厂数量占选厂总数的 64.87%，单一浮选平均选矿回收率 89.95%，单一重选平均选矿回收率 70.44%，重选+浮选平均选矿回收率 93.22%，浮选+磁选平均选矿回收率 93.69%。磁黄铁矿石平均选矿回收率为 88.29%，黄铁矿石平均选矿回收率为 83.06%，其他类型硫铁矿平均选矿回收率为 90.67%。大型选矿厂平均选矿回收率 83.71%，中型选矿厂平均选矿回收率 91.14%，小型选矿厂平均选矿回收率 70.05%。多金属硫铁矿多采用反浮选工艺，优先浮选有色金属，如铜、铅、锌等，代表企业新桥硫铁矿采用粗碎—半自磨—球磨流程，破碎磨工艺流程简单，易于生产管理，利于自动化技术的应用，并且可以很好地解决常规破碎系统的流程堵塞问题，不需洗矿，综合回收了铜、硫、铁、金、银等有价元素。

石墨选矿通过采用多段磨矿、多段浮选的方法，精矿产品达到 95% 以上，平均选矿回收率 85.11%。晶质石墨平均选矿回收率为 83.91%，代表了我国石墨选矿的主体水平，晶质石墨选矿回收率最高值为 95.00%，最低只有 66.03%，主要原因是该选矿厂入选矿石属细粒级鳞片石墨，嵌布关系复杂，另外矿山的选矿设备老化；隐晶质石墨平均选矿回收率95.54%，但两座选矿厂规模小、入选品位高、精矿品位较低。大型选矿厂平均选矿回收率 85.00%、中型选矿厂平均选矿回收率 87.44%、小型选矿厂平均选矿回收率 87.92%，主要是由于大型选矿厂处理矿石性质复杂、精矿品位一般较高。

萤石通过浮选法能保障精矿产品品位达 97% 以上，平均选矿回收率 85.61%，可用作氟化工原料。萤石选矿厂规模小，技术人员少，专业不配套，生产技术管理薄弱，欠规范。选矿生产过程不能保证稳定正常运转，选矿回收率、产品质量波动较大。入选的萤石矿中，单一型萤石矿入选总矿量占 85.73%，平均选矿回收率 86.59%；伴生型萤石占入选萤石总矿的 2.16%，平均选矿回收率 86.60%；其他类型萤石矿占入选总矿量的 12.11%，平均选矿回收率 81.11%。大型选矿厂选矿回收率平均 81.52%，中型选矿厂选矿回收率平均 85.25%，小型选矿厂选矿回收率平均 88.01%，大型选矿厂选矿回收率低于全国选矿平均值，主要是因为大型选厂入选的萤石矿资源质量不佳，入选矿石平均品位不高所致，而小型选厂入选的萤石矿资源质量较好，选矿回收率普遍较高。

7　非金属矿采矿集约化程度

采矿集约化程度指大型矿山实际采矿量占全国总采矿量的百分比。

2018 年磷矿、硫铁矿、钾盐、石墨、萤石等五种矿产采矿集约化程度分别为 56%、83.27%、92.20%、90.74%、76.11%，硫铁矿、钾盐、石墨等采矿集约化程度高。磷矿、硫铁矿、钾盐、石墨、萤石等五种矿产采矿集约化程度较 2012 年增加 19.79%、增加 13.78%、增加 4.12%、增加 19.16%、增加 58.41%。

8　非金属矿选矿集约化程度

选矿集约化程度指大型选矿厂实际处理量占全国总选矿处理量的百分比。

2018 年磷矿、硫铁矿、钾盐、石墨及萤石等五种矿产选矿集约化程度分别为76.28%、79.77%、81.35%、81.71%、0。磷矿、硫铁矿、钾盐等矿产选矿集约化程度高。磷矿、硫铁矿、钾盐及石墨等 4 种矿产选矿集约化程度较 2012 年降低 1.89%、提高36.86%、降低 3.87%、降低 12.12%。

9　固废排放及循环利用情况

9.1　废石排放及循环利用

（1）废石区域分布。全国 89 个地市堆存有磷矿、钾盐、硫铁矿、萤石矿、石墨矿等非金属矿废石 13.10 亿吨，铜陵、云浮和昆明 3 个地市该类废石总量均超过 1 亿吨，合计占全国同类矿种废石的 78.49%。全国 30 个地市堆存有硫铁矿废石 3.72 亿吨，占非金属矿废石总量的 28.39%，其中，铜陵、云浮硫铁矿废石堆存量均超过 1 亿吨，占硫铁矿废石总量的 98.47%。

（2）废石来源及增长变化情况。非金属矿山废石堆存量总计 13.10 亿吨，其中磷矿、硫铁矿废石分别为 8.89 亿吨、3.72 亿吨，上述两种废石占非金属矿废石总量的 96.25%。

（3）非金属矿年产生废石 1.85 亿吨，年利用 837 万吨，废石堆存量年增加 1.77 亿吨。西南地区年增加量最大，为 1.53 亿吨；华中、华北地区废石堆存增长率最高，增长率高达 31.13%、12.11%。

（4）石墨、磷矿、硫铁矿、萤石矿山年产生废石量分别为 782.60 万吨、15917.16 万吨、1412.86 万吨、333.62 万吨，吨精矿废石排放强度分别为 19.01t、13.60t、4.09t、2.61t。磷矿废石年增加量最大，为 1.57 亿吨；萤石矿废石年增加量 176.8 万吨，增长率最高，达 29.55%。

9.2　尾矿排放及循环利用

（1）尾矿分布。全国 76 个地市堆存有磷矿、钾盐、硫铁矿、萤石矿、石墨矿等非金属矿尾矿 1.64 亿吨；鸡西、海西和孝感 3 个地市尾矿堆存量超过 1000 万吨，占全国非金属矿尾矿总量的 44.85%。硫铁矿尾矿堆存量占非金属尾矿总量的 19.21%，主要分布于广东省和安徽省。

（2）尾矿来源及年增加量变化情况。非金属矿山年产生尾矿 0.58 亿吨，年利用 0.24 亿吨，尾矿堆存量年增加 0.34 亿吨。西北地区尾矿堆存量年增加最大，为 1959 万吨，年增长率 41.66%；其次是东北地区和西南地区年增加量分别为 330.14 万吨和 321.03 万吨。

（3）石墨、钾盐、萤石、硫铁矿、磷矿矿山年产生尾矿量分别为 496.42 万吨、4129.10 万吨、222.92 万吨、297.70 万吨、55.68 万吨，尾矿排放强度分别为每吨精矿 12.07t、9.29t、1.74t、0.86t、0.59t。非金属及化工矿山尾矿堆存量年增加 0.34 亿吨，钾矿尾矿堆存量年增加最高，达 0.19 亿吨。

10　我国典型非金属矿大型矿山

我国典型非金属矿大型矿山参见表 10-1，非金属矿选矿厂见表 10-2。

表 10-1　非金属矿矿山

矿　山	地区	所属公司	采出矿石量/万吨	开采方式	矿石品位(P_2O_5)/%	开采回采率/%
磷　矿						
瓮福磷矿	贵州	瓮福集团	380.50	露天开采	14.25	98.48
云南磷化晋宁磷矿	云南	云南磷化集团	373.42	露天开采	26.57	97.49
云南磷化昆阳磷矿	云南	云南磷化集团	252.52	露天开采	25.32	97.28
杉树垭磷矿区东部矿段	湖北	湖北杉树垭矿业	186.62	地下开采	26.05	76.00
云南磷化尖山磷矿鞍山矿段	云南	云南磷化集团	175.39	露天开采	25.91	97.8
硫 铁 矿						
云浮硫铁矿	广东	广东广业云硫矿业有限公司	322.87	露天开采	27.13	94.75
新桥硫铁矿	安徽	铜陵化学工业集团有限公司	191.50	露天—地下联合开采	31.84	92.49
炭窑口硫铁矿	内蒙古	内蒙古齐华矿业有限责任公司	64.94	地下开采	20.96	92.18
庐江县何家小岭硫铁矿	安徽	安徽新中远化工科技有限公司	34.00	地下开采	13.38	82.60
银家沟硫铁矿	河南	灵宝金源晨光有色矿冶有限公司	24.78	地下开采	24.77	79.18
石 墨 矿						
云山石墨矿	黑龙江萝北	云山石墨采矿有限责任公司	295.00	露天开采	11.98	97.10
柳毛石墨矿	黑龙江鸡西	柳毛石墨矿	62.00	露天开采	10.80	99.00
普晨石墨矿	黑龙江鸡西	普晨石墨有限责任公司	35.96	露天开采	6.88	88.00
牧场沟石墨矿	内蒙古兴和	瑞盛石墨有限责任公司	33.58	露天开采	3.74	92.59

矿 山	地区	所属公司	采出矿石量/万吨	开采方式	矿石品位(P_2O_5)/%	开采回采率/%
三道沟西矿段石墨矿	黑龙江鸡西	鸡西非金属矿工业公司	24.71	露天开采	4.76	93.00
萤 石 矿						
界牌岭多金属矿	湖南宜章	宜章弘源化工有限责任公司	68.91	单斗挖掘机采矿法	37.00	95.60
双江口萤石矿	湖南衡阳	湖南旺华萤石矿业有限公司	12.60	留矿采矿法	47.00	85.00
栾川县杨山萤石矿	河南栾川	洛阳丰瑞氟业有限公司	12.33	留矿采矿法	38.56	90.00
永丰县中村乡中富萤石矿	江西永丰	永丰县天宝矿业有限公司	10.76	留矿采矿法	51.00	83.07

表 10-2 非金属矿选厂

选矿厂	地区	所属公司	入选量/万吨	选矿方法	矿石工业类型	入选品位(P_2O_5)/%	选矿回收率/%
磷 矿							
瓮福磷矿新龙坝选矿厂	贵州	瓮福集团	360.00	浮选	磷灰石（岩）矿	14.25	90.00
云南磷化晋宁磷矿厂	云南	云南磷化	209.03	擦洗脱泥	硅质磷块岩矿	27.46	94.25
云南磷化昆阳磷矿选矿厂	云南	云南磷化	156.17	擦洗脱泥	硅质磷块岩矿	27.58	92.23
黄麦岭磷矿选矿厂	湖北	黄麦岭磷化工	126.00	一般浮选	磷灰石（岩）矿	9.78	85.75
云南三明鑫疆矿业权甫磷矿选矿厂	云南	云南三明鑫疆矿业	125.00	擦洗浮选	硅质磷块岩矿	20.22	85.81
硫 铁 矿							
广东云浮硫铁矿选矿 1~4 系列	广东	广东广业云硫矿业有限公司	184.42	浮选	黄铁矿石	26.04	83.14
新桥硫铁矿选铜厂	安徽	铜陵化学工业集团有限公司	120.00	浮选	黄铁矿石	30.98	95.04
炭窑口硫铁矿	内蒙古	内蒙古齐华矿业有限责任公司	76.00	浮选	黄铁矿石	20.00	85.00
广东云浮硫铁矿选矿 5 系列	广东	广东广业云硫矿业有限公司	58.42	浮选	黄铁矿石	26.04	83.14
庐江县何家小岭硫铁矿	安徽	安徽新中远化工科技有限公司	34.00	浮选	其他类型硫铁矿石	13.38	91.10

选矿厂	地区	所属公司	入选量/万吨	选矿方法	矿石工业类型	入选品位（P_2O_5）/%	选矿回收率/%
石　墨							
云山石墨有限公司	黑龙江萝北	云山石墨有限公司	96.00	浮选	晶质石墨	11.98	87.00
南海石墨有限公司	黑龙江萝北	奥宇石墨有限公司	70.00	浮选	晶质石墨	10.19	75.00
东北亚矿产资源有限公司	黑龙江鸡西	柳毛石墨矿	62.00	浮选	晶质石墨	10.80	87.50
普晨石墨有限公司	黑龙江鸡西	普晨石墨有限公司	35.96	浮选	晶质石墨	6.88	76.00
牧场沟选厂	内蒙古兴和	瑞盛石墨有限公司	31.09	浮选	晶质石墨	26.48	76.68
钾　盐							
国投罗钾	新疆	国投罗钾	2137.37	浮选—钾混盐转化法	光卤石	11.87	43.34
察尔汗钾镁盐矿别勒滩矿区	青海	察尔汗钾镁盐矿别勒滩矿区	934.00	浮选—冷结晶	光卤石	20.00	63.00
察尔汗盐湖钾镁盐矿	青海	察尔汗盐湖钾镁盐矿	538.00	浮选—冷结晶	光卤石	18.00	58.00
昆仑矿业察尔汗盐湖钾镁矿	青海	昆仑矿业察尔汗盐湖钾镁矿	424.00	冷结晶—浮选	光卤石	14.29	69.75
霍布逊钾镁盐矿	青海	霍布逊钾镁盐矿	180.00	冷结晶—浮选	光卤石	15.00	63.500
萤　石							
界牌岭多金属矿选厂	湖南宜章	宜章弘源化工有限责任公司	68.91	浮选	普通萤石	31.07	71.38
双江口萤石矿选厂	湖南衡阳	湖南旺华萤石矿业有限公司	13.00	浮选	普通萤石	35.00	95.00
栾川县杨山萤石矿选厂	河南栾川	洛阳丰瑞氟业有限公司	12.33	浮选	普通萤石	35.00	82.00
永丰县中村乡中富萤石矿选厂	江西永丰	永丰县天宝矿业有限公司	10.85	浮选	普通萤石	40.55	95.00

11　国外典型非金属矿技术指标

国外典型非金属矿技术指标如表 11-1 所示。

表 11-1　国外典型非金属矿技术指标

矿　山	所属公司	矿种	品位(P_2O_5)/%	产量(P_2O_5)/万吨	采矿方式	回采率/%	选矿工艺	回收率/%
Martison 加拿大	PhosCan Chemical	磷矿	22.4	43.5	露采	78.9	浮选	80.7
Farim 几内亚	GB Minerals	磷矿	28.7	36.2	露采		浮选	72
Paris Hills Lower zone 美国	Stonegate Agricom	磷矿	29.53	26.67	地采		不选	
Paradise north 澳大利亚	Legend International Holdings	磷矿	27.6	29.5	露采		干法筛分	80
paradise south 澳大利亚	Legend International Holdings	磷矿	14.6	32.5	露采		擦洗—浮选	
Tamilnadu 印度	Tamilnadu Minerals Ltd	石墨	14.5	0.8,含 C97%	露采		浮选	89
Lac Knife 加拿大	Focus Graphite	石墨	15.76	4.7,含 C92%	露采	95	阶段磨矿—浮选	91.3（设计）
Lac Guéret 加拿大	Mason Graphite	石墨	20.4	5, 含 C93.7%	露采	98	浮选	96.6（设计）
Woxna 瑞典	Flinders Resources Limited	石墨	10.7	1.66,含 C92%	露采	97.5	浮选	96（设计）
Dead Sea 以色列	DSW ICL	钾盐	0.8	190	抽取		盐田—浮选—化工	
Milestone 加拿大	Western Potash Corp	钾盐	16.4	176	溶采		化工	
Foam Lake and Stockholm 加拿大	North Atlantic Potash	钾盐	19	126	地采		擦洗浮选重介	90
Sintoukola 刚果	Elemental Minerals Ltd	钾盐	20.02	121	地采		浮选	89.5
Belaruskali 6 个矿均值白俄罗斯	JSC Belaruskali	钾盐	18.2	440	地采		浮选	85.5~87.2
Kimwarer 肯尼亚	KFC 肯尼亚	萤石	31.4	11.5,酸级	露采	85	浮选	97.5
Las Cuevas 墨西哥	Mexichem 墨西哥	萤石	84.5	42,冶金级 58 酸级	地采	90	浮选	

矿　　山	所属公司	矿种	品位 (P_2O_5)/%	产量(P_2O_5) /万吨	采矿 方式	回采率 /%	选矿工艺	回收率 /%
Witkop 南非	Sallies 南非	萤石	14.1	1 冶金级 15.3，酸级	露采		浮选	76
Vergenoeg 南非	Minersa 西班牙	萤石	28	24，酸级和 冶金级	露采		浮选	70
Nui Phaoan 越南	Masan Resources 越南	萤石	8	21，酸级	露采		浮选	76.5

第2篇 磷矿

LIN KUANG

12 安宁磷矿

12.1 矿山基本情况

安宁磷矿为露天开采磷矿的中型矿山，无共伴生矿产。矿山始建于 1974 年，同年投产。矿区位于云南省安宁市，矿区至县街镇公路里程 8km，距安宁市区 12km，距昆明市区约 47km，县街镇至安宁市公路里程 12km，安宁市至昆明公路里程 27km。矿区北东距成昆铁路读书铺车站 20km，距成昆铁路昆钢直线终点站仅 17km，另外经采区碎石公路与外部相通，可方便抵达安宁、楚雄、玉溪，交通便利。开发利用简表详见表 12-1。

表 12-1 安宁磷矿开发利用简表

基本情况	矿山名称	安宁磷矿	地理位置	云南省安宁市
	矿床工业类型	大型浅海相沉积磷块岩矿床		
地质资源	开采矿种	磷矿	地质储量/万吨	4639
	矿石工业类型	硅钙（镁）质和钙（镁）质磷块岩矿石	地质品位/%	24.94
开采情况	矿山规模/万吨·年⁻¹	95（中型）	开采方式	露天开采
	开拓方式	公路运输开拓	主要采矿方法	组合台阶采矿法
	采出矿石量/万吨	71.57	出矿品位/%	23.69
	废石产生量/万吨	170.5	开采回采率/%	96.16
	贫化率/%	2.26	开采深度（标高）/m	2254~1800
	剥采比/t·t⁻¹	2.38		
综合利用情况	综合利用率/%	96.16	废石处置方式	废石场堆存

12.2 地质资源

12.2.1 矿床地质特征

安宁磷矿属大型浅海相沉积磷块岩矿床，矿层赋存于寒武系下统梅树村组中谊村段中，据其岩性特征划分为上、下矿层。矿层主要赋存于寒武系下统梅树村组中谊村段中，矿层结构简单，据其岩性特征划分为上、下矿层，其中上矿层为主要矿层，矿体呈似层状、透镜状产出，层位稳定，与围岩产状一致。矿石的矿物成分为矿石矿物和脉石矿物。矿石矿物成分简单，以胶磷矿为主，其次为微晶磷灰石及少量细晶磷灰石；脉石矿物主要有白云石、石英、玉髓，此外还有少量铁泥质（包括褐铁矿）、黄铁矿、有机质、高岭石以及少量白云母、电气石、锆石及海绿石。矿石主要化学成分有 P_2O_5、CaO、SiO_2、CO_2 和 MgO，次要成分有 Fe_2O_3、Al_2O_3、F、K_2O、Na_2O 和 MnO，微量元素有 TiO_2、$(Re)_2O_3$ 和 I，以及 Ba、B、Be、Ga 等元素。

矿区内主要矿体特征见表 12-2。

表 12-2　矿区主要矿体特征

矿体状态	上层矿		下层矿	
	范围	平均值	范围	平均值
矿体厚度/m	31.56~5.14	13.83	33.70~10.80	21.67
工业矿厚度/m	23.63~4.19	11.04	24.10~1.08	7.21
Ⅰ级矿厚度/m	9.92~1.12	5.20	8.74~3.05	5.84
Ⅰ级矿平均品位/%		31.89		32.51
Ⅱ级矿厚度/m	8.31~1.46	4.05	10.49~1.50	5.98
Ⅱ级矿平均品位/%		26.59		26.98
Ⅲ级矿厚度/m	12.52~1.85	6.80	17.74~1.08	5.26
Ⅲ级矿平均品位/%		20.85		19.85

矿石自然类型：主要有块状球粒磷块岩、条带状球粒磷块岩、条带状白云质磷块岩、条带状白云质砂屑磷块岩、白云质硅质球粒磷块岩、白云质含砾石砂屑磷块岩、白云质生物碎屑球粒磷块岩。

矿石工业类型：按脉石矿物种类和含量不同分为钙（镁）质磷矿、硅钙（镁）质磷矿和硅质磷矿。主要工业类型为硅钙（镁）型和钙（镁）型磷块矿，只是在风化带才出现硅质磷矿。

12.2.2　资源储量

安宁磷矿一号矿山的磷矿为单一矿产，磷矿石中无伴生矿产，区内主要工业类型为硅钙（镁）型和钙（镁）型磷块矿，只在风化带才出现硅质磷矿。安宁磷矿一号矿山采矿权范围内，累计查明资源储量 4639.0 万吨，平均品位为 24.94%。

12.3　开采情况

12.3.1　矿山采矿基本情况

安宁磷矿一号矿山为露天开采的中型矿山，采用公路运输开拓，使用的采矿方法为组合台阶采矿法。矿山年设计生产能力 95 万吨，设计开采回采率为 97%，设计贫化率为 3%，设计出矿品位（P_2O_5）为 23.02%。

12.3.2 矿山实际生产情况

2013 年，矿山实际出矿量 71.57 万吨，排出废石 170.5 万吨。矿山开采深度为 2254~1800m 标高。具体生产指标见表 12-3。

表 12-3 矿山实际生产情况

采矿量/万吨	开采回采率/%	出矿品位/%	贫化率/%	露天剥采比/t·t⁻¹
71.57	96.16	23.69	2.26	2.38

12.3.3 采矿技术

目前，矿山采用露天开采，公路运输开拓，铲运机采矿法，水平台阶开采工艺，陡帮剥离、缓帮采矿。主要采剥设备详见表 12-4。

表 12-4 矿山主要采矿设备

序号	设备名称	设备型号参数	数量/台（套）
1	潜孔钻机	L8，孔径 160mm	2
2	液压铲	PC600-7G，斗容 4m³	2
3	液压铲	斗容 2m³	3
4	32t 自卸汽车	BZKD32，载重 32t	13
5	推土机	PD320Y	2
6	装载机（轮式）	XG955	2
7	空压机	20m²	2
8	浅孔凿岩机	YTB-26	4
	合　　计		30

（1）采剥工作面。纵向布置、采用自上而下开采顺序。作业台阶高度 10m，最小工作平台宽度 30~35m，开段沟宽度 20~25m，最小工线长度 400m。

（2）穿孔。采矿穿孔选用孔径为 ϕ165mm 全液压钻机，台阶爆破均采用垂直孔，孔深 11.65m，其中超深 1.65m，采用矩形或梅花形布孔，采矿穿孔孔网参数为 6m×6m。爆破采用微差爆破，非电导爆系统起爆，炸药采用乳化炸药，现场炸药混装车装药。岩石大块集中堆放，采用机械法进行二次破碎。

（3）铲装。矿石和岩石爆破松动后分别采用斗容为 2m³ 和 4m³ 的液压铲完成，矿石和废石分别分装。

（4）运输。矿石运输选用载重 32t 的刚性矿用自卸汽车，矿石直接运至擦洗站；废石运输选用载重 45t 的刚性矿用自卸汽车，矿石直接运至排土场。

12. 4　选矿情况

矿山生产矿石未经选矿处理，以原矿形式销售。

12. 5　矿产资源综合利用情况

安宁磷矿一号矿山为单一磷矿，矿产资源综合利用率 96. 16%，无选矿工艺，无尾矿。

废石集中堆存在废石场，截至 2013 年年底，废石场累计堆存废石 744. 05 万吨，2013 年排放量为 170. 5 万吨。废石利用率为零，处置率为 100%。

13　海口磷矿

13.1　矿山基本情况

海口磷矿为露天开采磷矿的大型矿山，无共伴生矿产。矿山始建于1966年，同年8月建成投产，是首批国家级绿色矿山试点单位。矿区位于云南省昆明市西山区，距白塔村火车站、昆明绕城高速均不足10km，交通十分便利。矿山开发利用简表详见表13-1。

表13-1　海口磷矿开发利用简表

基本情况	矿山名称	海口磷矿	地理位置	云南省昆明市西山区
	矿山特征	首批国家级绿色矿山试点单位	矿床工业类型	外生-沉积磷块岩矿床
地质资源	开采矿种	磷矿	地质储量/万吨	13254.74
	矿石工业类型	硅质磷块岩矿石	地质品位/%	26.65
开采情况	矿山规模/万吨·年$^{-1}$	200（大型）	开采方式	露天开采
	开拓方式	公路汽车运输开拓	主要采矿方法	组合台阶采矿法
	采出矿石量/万吨	282.11	出矿品位/%	27.40
	废石产生量/万吨	3743.1	开采回采率/%	97.26
	贫化率/%	1.9	开采深度（标高）/m	2330~2040
	剥采比/t·t^{-1}	13.27		
选矿情况	选矿厂规模	擦洗厂100万吨/年 浮选厂200万吨/年	选矿回收率/%	88.49
	主要选矿方法	两段破碎—擦洗 三段—闭路破碎，两段闭路磨矿—正反浮选		
	入选矿石量/万吨	199.51	原矿品位/%	21
	精矿产量/万吨	132.41	精矿品位/%	28
	尾矿产生量/万吨	67.10	尾矿品位/%	7.19
综合利用情况	综合利用率/%	86.07	废水利用率/%	48.44
	废石排放强度/t·t^{-1}	28.27	废石处置方式	废石场堆存
	尾矿排放强度/t·t^{-1}	0.51	尾矿处置方式	尾矿库堆存
	废石利用率/%	0	尾矿利用率/%	0

13.2　地质资源

13.2.1　矿床地质特征

海口磷矿矿石工业类型为硅质磷块岩矿石，矿床工业类型外生-沉积磷块岩矿床，为单一矿产，P_2O_5 地质品位为 26.65%。矿体上矿层的矿体走向长度为 2500m，倾角 7°，矿体厚度 7.07m，矿体赋存深度 47.23m；矿体下矿层的矿体走向长度为 2500m，倾角 7°，矿体厚度 2.75m，矿体赋存深度 66.48m，两矿体均属稳固矿岩，围岩为稳固矿岩，矿床水文地质条件简单。

海口磷矿分为上下两层矿，中间夹有一层砂质白云岩，矿层产状受倾没背斜制约。由于底板含硅白云质灰岩的溶蚀，在重力作用下，矿层顺山坡方向牵引下陷，因此小褶曲、小断裂发育，并具微波状。一般上矿层比下矿层厚，而且稳定。一、二采区矿体倾角为 4°~7°，三采区为 5°~7°，四采区为 8°~10°。上矿层矿体厚度一般为 8~10m，三采区矿体厚度为 5~8m，全区平均矿体厚度 7.24m。在三采区顶部有一层较稳定的砾状磷块岩，逐渐变薄过渡至一采区尖灭，一般下部 P_2O_5 5%~30%，最高达 36%，逐渐向上 P_2O_5 亦逐渐降低，一般含量 15%~20%。下矿层除顶部生物碎屑磷块岩具有稳定的层位外，其余类型磷块岩均交错发育，大致划分与上矿层相同。厚度一般为 5~8m。

13.2.2　资源储量

矿山范围内磷矿为单一矿产，无共伴生矿产，矿石工业类型为硅质磷块岩矿石。矿山查明资源储量 13254.7 万吨，平均品位为 26.65%。

13.3　开采情况

13.3.1　矿山采矿基本情况

海口磷矿为露天开采的大型矿山，采用公路运输开拓，使用的采矿方法为组合台阶采矿法。矿山年设计生产能力 200 万吨，设计开采回采率为 97%，设计贫化率为 3%，设计出矿品位（P_2O_5）24.87%，磷矿最低工业品位（P_2O_5）为 15%。

13.3.2　矿山实际生产情况

2013 年，矿山实际出矿量 274.3 万吨，排出废石 3743.1 万吨。矿山开采深度为 2330~2040m 标高。具体生产指标见表 13-2。

表 13-2　矿山实际生产情况

采矿量/万吨	开采回采率/%	出矿品位/%	贫化率/%	露天剥采比/t·t⁻¹
282.11	97.26	27.4	1.9	13.27

13.3.3　采矿技术

13.3.3.1　开拓运输系统

A　矿山开拓运输

矿山为山坡-凹陷露天矿，结合矿区地形条件及矿山工作线长度长、作业台阶多、矿山年采剥总量大等特点，选用现有潜孔钻机穿孔，$2m^3$ 液压铲铲装矿石，$4\sim6m^3$ 液压铲铲装废石，37t 自卸式汽车运输矿岩；开拓运输方式为场内上盘移动回返式公路-汽车运输开拓方式。

内部运输主要是剥离岩土、矿石及生产辅助材料的运输。剥离岩土往排土场中统一排放，平均运距 2.5km，采用 37t 矿用自卸运输，矿石分别运往擦洗厂、浮选场和贫矿堆场堆放，采用 37t 矿用自卸车运输，矿山内部公路长 3.6km。

外部运输主要是生产所需的材料，如备品备件、油料等，矿区东部有昆明—昆阳—玉溪准轨铁路相通，并有专线铁路进入矿区，可与成昆、滇黔铁路线接轨。

B　供电

矿山用电负荷不大，用电负荷约 2000kW，主要用电设备为空压机和照明等。由海口 100 万吨/年擦洗厂引两回截面相同的 6kV 线路向矿山供电。

C　供水

矿山采矿场生产年耗水量 18 万立方米，利用海口磷矿现有生产、生活供水水源作为矿山生产用水水源。

D　排土场

矿山设计剥离量 20327.71 万立方米，考虑 1.3 的综合松散及沉降系数，松方量为 26426.02 万立方米。年剥离废石 395 万立方米，考虑 1.3 的综合松散及沉降系数，松方量为 513.5 万立方米。

矿区面积较大，矿体属于缓倾斜-水平矿体，矿区有很好的内排条件，根据矿山多年开采经验，内排量约占剥离量的 40%（8131.08 万立方米），需外排剥离废石 12196.63 万立方米，松方量为 15855.62 万立方米。

外排排土场结构参数：排土场台阶高度 25m，排土场台阶宽 20m，排土场台阶坡面角 32°，排土场排土作业平台最小宽度 30m，排土场汽车卸载地点至排土场的上部边缘距离不小于 3m，通往内部排土场公路两侧距排土场边坡不小于 10m。

采空区内排工艺：矿山经过多年开采实践最终确定，采空区内排土台阶高度为 15m，台阶坡面角 32°，平台宽 20m。

贫矿堆场设在三采区东南部地势较为平缓地带，待今后选矿技术改进后再利用。

13.3.3.2　采剥工作

A　采剥方法的确定

根据划定矿区范围内地形地貌特征、矿体赋存特点、选定的开拓运输方式等因素，采用沿矿体走向方向布置工作面。一、二采区由西向东推进纵向单向推进的采剥方法，三采区由北向南推进纵向单向推进的采剥方法，四采区由西向东推进纵向单向推进的采剥方法，开采顺序由上往下分台阶开采，台阶高度为 10m。

采剥工作面构成要素：剥离台阶高度 10m，采矿台阶高度 5m，工作台阶坡面角 70°，最小工作平台宽度 35m，最小工作线长度 120m。

B 露天采场爆破

矿区矿岩风化严重，大部分可直接铲挖，生产前期无须穿孔爆破，但生产中后期深部局部地段铲挖困难时需要适时爆破。

同段最大爆破装药量 500kg 时，空气冲击波对建筑物的安全距离、空气冲击波对避炮人员的安全距离及爆破飞石对人员的安全距离小于 250m。

同时，为保证露天岩土爆破个别飞石对人员的最小安全距离及建、构筑物的爆破地震安全性满足安全振动速度的要求，具体措施如下。

开采顺序：一、二采区由西向东推进的纵向单向推进的采剥方法，主爆破方向向西北部；三采区由北向南推进的纵向单向推进的采剥方法，主爆破方向向西部；四采区由西向东推进的纵向单向推进的采剥方法，主爆破方向向北部。

爆破采用定时爆破，让职工有规律地避炮。加强职工和附近村民安全教育，让职工和村民事先知道警戒范围、警戒标志、声响信号的意义。在爆破警戒线外设置明显标志，爆破前同时发出声响和视觉信号，使危险区内的人员能清楚地听到和看到；爆破时派专人负责警戒，严禁任何人员进入爆破警戒线范围以内。

采用多钻孔、少装药的微差爆破，靠帮时采用预裂爆破，以减小爆破地震波对边坡的影响。

严格按照《爆破安全规程》规定及以上措施实施爆破作业，完全能保证该露天矿爆破安全。

C 采矿装备水平

露天矿山主要设备配置见表 13-3。

表 13-3 露天矿山主要设备

序号	设 备 名 称	型 号	数量/台(套)
1	钻机	ATLAS460	3
2	空压机	25m³	3
3	挖掘机（采矿）	2m³ PC400	3
4	挖掘机（剥离）	4m³ EC700	2
5	挖掘机（剥离）	4.5m³ PC750	2
6	挖掘机（剥离）	4m³ PC1250	1
7	矿用自卸车	37t	25
8	推土机	D9T	1
9	推土机	D9R	1
10	推土机	D155A	1
11	推土机	D275A	1
12	推土机	SD22	1
13	推土机	MD23	1

序号	设 备 名 称	型　　号	数量/台(套)
14	洒水车	CLW5121GS	1
15	洒水车 CLW5141GS	CLW5141GS	1
16	洒水车 CLW5250GSS3	CLW5250GSS3	1
	合　　计		48

　　D　露天采场防、排水

　　露天采场主要为山坡露天采场,只有四采区有 10m 深的凹陷露天采坑。矿山最低开采标高位于当地最低浸蚀基准面之上,山坡露天采场内集水主要为大气降水和裂隙水,可通过各台阶内的排水沟自流排出场外,同时在露天采场四周汇水面积较大地段修建截洪沟,防止大气降水进入露天采场。10m 深凹陷露天采场内的大气降水,设计采用移动排水设备扬送至排水沟自流排出场外。

13.4　选矿情况

13.4.1　选矿厂概况

　　海口磷矿矿山选矿厂有海口擦洗厂和浮选厂,擦洗厂设计年选矿能力为 100 万吨,设计磷矿入选品位 27%,选矿方法为擦洗脱泥,选矿产品为磷精矿,精矿 P_2O_5 品位为 28%。浮选厂设计年选矿能力为 200 万吨,设计磷矿入选品位为 24.80%,选矿方法为正—反浮选,选矿产品为磷精矿,精矿 P_2O_5 品位为 28%。

　　该矿山 2013 年选矿情况见表 13-4。

表 13-4　2013 年海口磷矿选矿情况

入选矿石量 /万吨	入选品位 /%	选矿 回收率 /%	每吨原矿 选矿耗 水量/t	每吨原矿 选矿耗 新水量 /t	每吨原矿 选矿耗电量 /kW·h	每吨原矿 磨矿介质 损耗/kg	精矿品位 /%	产率 /%
215.68	22.89	89.85	3.51	1.20	24.67	钢棒:0.2 钢锻:0.2	28	72.66

13.4.2　擦洗系统

　　滇池地区的磷块岩矿床由于风化作用十分强烈,长期的淋滤侵蚀作用致使部分易溶组分溶解迁移,矿石中的碳酸盐矿物被风化流失,含量大大减少;磷酸盐和硅酸盐相对富集。因风化作用使矿石疏松易碎,含泥量显著升高,有害杂质铁、铝氧化物和细粒的酸不溶物等富集于泥中,脱泥就能使磷矿物得到富集。由于风化作用使这部分原来难选的硅钙质磷块岩的相当一部分转变为易选的硅质磷块岩。

　　1986 年,云南省科委将“磷矿风化矿 10 万吨/年工业性擦洗脱泥工艺开发”课题列入省重点科技项目，由海口磷矿承担，并在海口磷矿建设 10 万吨/年规模风化磷矿擦洗装置进行工业试验。

1986 年 10 月，我国第一座 10 万吨/年风化磷矿石擦洗脱泥工业性试验装置建成，此后在对该装置不断改进完善的同时，海口磷矿完成了工采区下层矿，Ⅰ、Ⅱ采区上层矿，中宝乡磷矿及海口林场磷矿的试验，共生产了 13 万吨多擦洗磷精矿。

1989 年 3 月，国家"星火计划"30 万吨/年风化胶磷矿擦洗脱泥示范装置建成，实际能力可超过 60 万吨/年以上。

1990 年 12 月，以海口磷矿 Ⅰ、Ⅱ采区上层风化矿为采选对象的"海口磷矿 60 万吨/年擦洗厂"国家重点基建项目建成。1991 年 8 月 13～16 日完成了试生产考核，1991 年 12 月 19 日通过验收。

1991 年 12 月，海口磷矿 60 万吨/年擦洗厂交付生产。至此海口磷矿擦洗脱泥生产总装置能力已达 150 万吨/年，成为我国优质磷精矿生产和供应基地。

2004 年海口磷矿 60 万吨擦洗装置改造后原矿处理能力提高到 100 万吨/年。

原矿粗碎后经给矿机运送至螺旋洗矿机进行擦洗脱泥。洗矿机细泥部分再经过两段水力旋流器分级脱泥最后得到 -0.019mm 的尾矿。洗矿机块矿部分进入筛子筛分，-1mm 产品返回后到洗矿机最终进入水力旋流器脱泥，+60mm 部分进入锤式破碎机经过破碎后得到块精矿，块精矿的粒度根据需求而定，-60mm+1mm 部分连同水力旋流器的沉沙产品一同作为黄磷矿精矿。擦洗工艺流程如图 13-1 所示。擦洗厂主要设备见表 13-5。

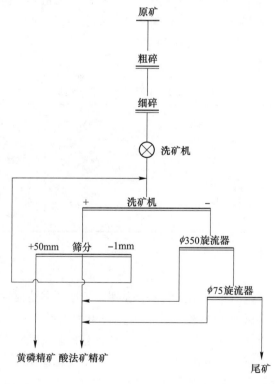

图 13-1　擦洗厂工艺流程

表 13-5　擦洗厂主要设备型号及数量

序号	设备名称	规格型号	使用数量/台(套)
1	颚式破碎机	PE750×1060 Ⅱ	1
2	锤式给矿机	1750	1
3	槽式洗矿机	XK2200×8400	3
4	直线筛	2ZKX1548	3
5	Ⅰ段旋流器	ϕ350	27
6	Ⅱ段旋流器	ϕ75	108

13.4.3　浮选厂

矿山配套的选矿厂为 200 万吨浮选厂,是云南省第一套胶磷矿选矿装置,设计原矿年处理能力 200 万吨,年产磷精矿 138.2 万吨。

浮选厂于 2005 年 5 月 20 日开工建设,2007 年 10 月 12 日开始联动试车,同年 11 月 19 日向下游企业输送精矿浆。浮选工艺目前采用正—反流程和单反流程,正浮选一次粗选、一次扫选,反浮选一次粗选、一次扫选,使用的胶磷矿选矿试剂拥有自主知识产权。

浮选矿石采用三段一闭路碎矿流程,产品粒度不大于 15mm。磨矿采用两段一闭路流程,一段磨矿为棒磨,产品粒度为 -3mm 占 95%,二段磨矿为球磨,产品粒度为 -0.074mm 占 90%。采用正反浮选,该工艺对中低品位磷矿石的适应性更好。正浮选流程为一次粗选,正浮选精矿进入反浮选流程,反浮选为一次粗选、一次精选,中矿顺序返回。

浮选厂主要设备见表 13-6。浮选工艺流程如图 13-2 所示。

表 13-6　浮选厂主要设备型号及数量

序号	设备名称	规格型号	使用数量/台(套)
1	颚式破碎机	PJ1500×2100	1
2	标准圆锥破碎机	PYB-2200/350	1
3	短头圆锥破碎机	PYD-2200	2
4	重型圆振筛	2DYS3073	2
5	棒磨机	ϕ3200×4500	2
6	球磨机	ϕ4000×6700	2
7	水力旋流器	ϕ500	16
8	正浮选槽	16m^3	16
9	反浮选槽	16m^3	8
10	反浮选槽	4m^3	4

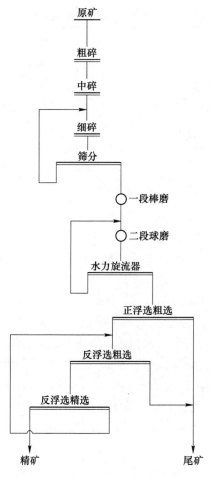

图 13-2　浮选厂工艺流程

13.5　矿产资源综合利用情况

海口磷矿为单一磷矿，矿产资源综合利用率 86.07%，尾矿品位 7.18%。

废石集中堆存在废石场，截至 2013 年年底，废石场累计堆存废石 21074.39 万吨，2013 年排放量为 3743.1 万吨。废石利用率为零，处置率为 100%。

尾矿集中堆存在尾矿库，截至 2013 年年底，尾矿库累计堆存尾矿 244.86 万吨，2013 年排放量为 67.1 万吨。尾矿利用率为零，处置率为 100%。

14 黄麦岭磷矿

14.1 矿山基本情况

黄麦岭磷矿为露天开采的大型矿山，无共伴生矿产。矿山始建于 1973 年 10 月，是第二批国家级绿色矿山试点单位。矿区位于湖北省孝感市大悟县，南距武汉 150km，北距河南信阳 90km，距京广线广水火车站 25km，交通十分便利。矿山开发利用简表详见表 14-1。

表 14-1 黄麦岭磷矿开发利用简表

基本情况	矿山名称	黄麦岭磷矿	地理位置	湖北省孝感市大悟县
	矿山特征	第二批国家级绿色矿山试点单位	矿床工业类型	沉积变质磷灰岩型矿床
地质资源	开采矿种	磷矿	地质储量/万吨	3614.70
	矿石工业类型	硅酸盐型磷矿石	地质品位/%	11.03
开采情况	矿山规模/万吨·年$^{-1}$	100（大型）	开采方式	露天开采
	开拓方式	公路汽车运输开拓	主要采矿方法	组合台阶采矿法
	采出矿石量/万吨	115.3	出矿品位/%	9.37
	废石产生量/万吨	292.7	开采回采率/%	94.03
	贫化率/%	5.97	开采深度(标高)/m	200~700
	剥采比/t·t^{-1}	2.54		
选矿情况	选矿厂规模/万吨·年$^{-1}$	135	选矿回收率/%	87.57
	主要选矿方法	三段一闭路破碎——段闭路磨矿—单一浮选		
	入选矿石量/万吨	126	原矿品位/%	9.78
	精矿产量/万吨	36.41	精矿品位/%	29.63
	尾矿产生量/万吨	89.59	尾矿品位/%	1.71
综合利用情况	综合利用率/%	79.55	废水利用率/%	32
	废石排放强度/t·t^{-1}	8.04	废石处置方式	废石场堆存
	尾矿排放强度/t·t^{-1}	2.46	尾矿处置方式	尾矿库堆存
	废石利用率/%	0	尾矿利用率/%	0

14.2　地质资源

14.2.1　矿床地质特征

黄麦岭磷矿属沉积变质磷灰岩型矿床。矿区位于秦岭褶皱系的桐柏-大别中间隆起中段，大悟褶皱束的大磊山穹隆的南西翼，区内各时代地层（除第四系外）均经历了多次的构造形变和强烈的变质作用，形成了一系列复杂的构造格架。区内能见到的地层计有太古界大别群、元古界红安群及新生界第四系；区内构造以大磊山穹隆为主体，并伴有次一级的褶皱和断裂构造。含磷岩系属中元古界红安群七角山组下段，出露面积约 $800km^2$。其中能构成工业矿床的磷矿层，主要分布在大磊山穹隆周围。七角山组下段含磷岩系直接不整合于大别群（原吕梁期花岗片麻岩）之上。含磷岩系主要岩性有石英云母片岩、白云钠长片（麻）岩、大理岩、半石墨片岩、石英岩、浅粒岩、锰质磷灰岩、条带状变粒磷灰岩、浅粒磷灰岩等。为一套浅海陆棚相碳酸质-黏土质-粉砂岩建造。在区域上构成大磊山、冷棚、京桥三个磷矿带。穹隆内断裂构造发育，其中较大者为北西向断裂带，由一组近于平行的断裂组成，长 8～10km，宽 1.5～2km，走向 300°～310°，倾向南西，倾角 45°～80°；其次是北东向断裂带，亦由一组近于平行的断裂组成，长 1～7km，宽 1～2km，走向 30°～40°，倾向南东，倾角 30°～60°，切割北西向断裂带。

岩浆岩除乐家冲一带有大别-晋宁期变基性次火山岩外，主要分布的是花岗斑岩脉、闪长岩脉、煌斑岩脉、云煌岩脉及石英脉。其中煌斑岩脉（云煌岩脉）及石英脉都具多期性。

黄麦岭矿段磷矿床赋存于元古界红安群七角山组含磷亚段下含磷层（Ptq11-1）中，矿床由下部 I 矿层和上部 II 矿层及其夹石层组成。矿层沿走向呈弧形分布，沿倾向一般较稳定，自地表向深部呈有规律的变陡或变缓。

矿石的矿物组成：矿石中主要的有用矿物为磷灰石及少量的黄铁矿，脉石矿物主要是白云石、白云母、方解石，少量长石、石英、赤铁矿，其他为炭质等。

磷灰石为氟磷灰石，一般成浑圆状或短柱状晶体，粒度 0.05～0.4mm，常与石英、长石、白云石和炭质等密切共生，亦有呈粒状集合体产出。在浅粒磷灰岩中的磷灰石与其他矿物颗粒之间清晰平直，粒度亦较粗大，内部无包裹体；在条带状变粒磷灰岩中的磷灰石晶粒略小，且晶粒内部常含有多少不等的显微鳞片状炭质。磷矿层品位较稳定，平均 P_2O_5 含量为 11%。其中地表 P_2O_5 含量一般为 11%～16%，平均含量为 12.80%，而深部则逐渐降低；矿层中部又较矿层上、下部 P_2O_5 含量高。

黄铁矿为黄麦岭磷矿石主要伴生矿物，主要赋存在含磷岩层中的条带状变粒磷灰岩、浅粒磷灰岩、碳酸质浅粒磷灰岩、含磷条带状变粒岩、含磷浅粒岩和含磷石英云母片岩中，矿物含量 2%～3%。黄铁矿呈粒状、长条状，呈他形晶。在浅粒磷灰岩中晶形较好，粒度为 0.01～0.2mm，条状的可达 1.4mm，在条带状矿石或条带状岩石中，以条带状分布为主，星散状为辅；在粒状矿石或粒状岩石中，则以星散状为主，条带状为辅。

矿石主要结构：以花岗变晶结构为主，部分为鳞片花岗变晶结构等。

矿石主要构造：以块状构造为主，其次是条带状构造、片状构造、浸染状构造等。

I、II 矿层地表均以锰质磷灰岩、变粒磷灰岩、条带状变粒磷灰岩为主，深部以条带状变粒磷灰岩、浅粒磷灰岩为主。

14.2.2 资源储量

黄麦岭磷矿主要有用矿物为磷灰石，伴生有黄铁矿。矿山累计查明磷矿石资源储量为3614.7万吨，平均地质品位为11.03%，伴生硫铁矿平均地质品位为2.23%，累计查明硫的资源储量268.3万吨。

14.3 开采情况

14.3.1 矿山采矿基本情况

黄麦岭磷矿为露天开采的大型矿山，采用公路运输开拓，使用的采矿方法为组合台阶采矿法。矿山设计年生产能力100万吨，设计开采回采率为90%，设计贫化率为5%，设计出矿品位（P_2O_5）为10.48%，磷矿最低工业品位（P_2O_5）为8%。

14.3.2 矿山实际生产情况

2013年，矿山实际出矿量115.3万吨，排出废石292.7万吨。矿山开采深度为200~700m标高。具体生产指标见表14-2。

表14-2 矿山实际生产情况

采矿量/万吨	开采回采率/%	出矿品位/%	贫化率/%	露天剥采比/t·t^{-1}
115.3	94.03	9.37	5.97	2.54

14.3.3 采矿技术

矿山生产采用穿孔爆破、铲装运载、排岩间断工艺，纵向挖沟水平推进的开拓方式，公路汽车运载。在+100m水平以上为山坡露天自上而下分层开采，+100m以下为凹陷露天开采，以40勘探线为界分为东西两个采坑。采场要素：台阶高度为10m，台阶坡面角为55°，安全平台宽度4m，清扫平台宽为11m，最终台阶坡面角为35°。

14.4 选矿情况

14.4.1 选矿厂概况

选矿厂年处理原矿设计能力为120万吨，通过工艺、技术改造和扩能，目前年处理原矿石能力达到135万吨。选矿生产的磷精矿供磷铵厂、磷复混肥厂生产磷酸二铵、普钙、复混肥等，硫精矿供公司硫酸厂生产硫酸。硫酸厂的余热供给选矿车间作浮选加温的热源。

黄麦岭磷矿选矿工艺采用优先加温正浮选选磷，磷尾矿脱水后再选硫铁矿的生产工艺流程。

14.4.2 选矿工艺流程

采场矿石由自卸载重汽车运至选矿厂破碎车间原矿仓，经三段一闭路破碎筛分将原矿石由 1000mm 破碎至 15mm 以下；经一段闭路磨矿分级后，细度达到 -0.074mm 占 66% ~ 69%，经加药调整后进行一次粗选、一次扫选、一次精选闭路加温正浮选优先选磷，浮选磷精矿（含 P_2O_5 为 35%）经 NT-50 浓缩机浓缩至浓度 60% 后泵送公司磷铵厂和磷肥厂生产磷铵、磷肥与复混肥，浓缩溢流回水利用；磷尾矿经水力旋流器与浓缩机二次浓缩脱水后，再加药调整进行一次粗选与一次精选闭路选硫精矿，浓缩溢流水作为选矿工艺回水利用；浮选硫精矿（含硫为 35%）经 NT-18 浓缩机浓缩至浓度 60%，然后再经 TT-15 陶瓷过滤机脱水后汽车转运至公司硫酸厂生产硫酸，实现矿肥生产的有效结合。浮选流程为：选磷一次粗选、一次扫选和一次精选，选硫一次粗选、一次精选。

选矿工艺流程如图 14-1 所示。

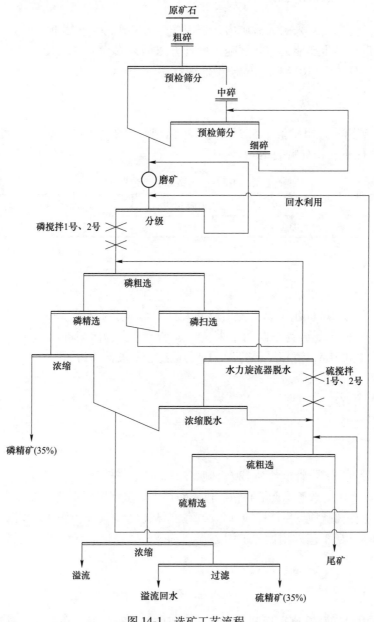

图 14-1 选矿工艺流程

磨矿和浮选分两个平行系列布置。粉矿经胶带运输机及恒定给矿装置分别给入两台球磨机，球磨机排矿与砂泵和水力旋流器组形成闭路分级系统。抑制剂添加入球磨机，碳酸钠添加入分级砂泵池，分级旋流器溢流自流入浮选搅拌槽，水玻璃和捕收剂添加入一级搅拌槽，一级搅拌与二级搅拌槽串联，矿浆经二级搅拌后进入磷粗选作业，磷粗选泡沫产品进入磷精选作业，精选底流与扫选泡沫产品汇合，经泡沫泵返回一级搅拌槽，与磷粗选形成闭路。精选泡沫作为最终磷精矿自流入浓缩机。投产后的前四年磷扫选底流作为最终尾矿排弃，第五年开始增加一次搅拌槽，在此添加硫酸铜和乙黄药后进入硫粗选作业，硫粗选底流作为最终尾矿排弃，泡沫进入硫精选，精选底流与粗选形成闭路，精选泡沫作为最终硫精矿自流入硫精矿浓缩机，浓缩机底流由矿浆泵打入硫过滤作业，滤饼作为制硫酸的原料。

目前，黄麦岭矿山生产的矿石有用组分的入选品位为：P_2O_5 8.5% ~ 10%，S 1.8% ~ 2.4%，经过二次粗选、二次精选和二次扫选的工艺流程形成 P_2O_5 为 29.63% 的磷精矿和含硫 35% 的硫精矿，回收率分别为 87.57% 和 86%。磷精矿与硫酸反应生成稀磷酸，经过浓缩后与氨反应经干燥、破碎、成球、过筛、包装后成为成品磷铵。硫精矿经干燥后作硫酸厂制酸原料。

14.5　矿产资源综合利用情况

黄麦岭磷矿主要矿产为磷灰石，伴生有黄铁矿，矿产资源综合利用率 79.55%，尾矿品位 1.71%。

废石集中堆存在废石场，截至 2013 年年底，废石场累计堆存废石 1426.4 万吨，2013 年排放量为 292.7 万吨。废石利用率为零，处置率为 100%。

尾矿集中堆存在尾矿库，截至 2013 年年底，尾矿库累计堆存尾矿 1476 万吨，2013 年排放量为 89.59 万吨。尾矿利用率为零，处置率为 100%。

15　尖山鞍山磷矿

15.1　矿山基本情况

尖山鞍山磷矿为露天开采的中型矿山，矿山始建于 2003 年 2 月，同年建成投产。矿区位于云南省昆明市西山区，北距昆明 32km，南至晋宁 20km，西至安宁 30km，均有公路、铁路与全国相连，交通十分便利。矿山开发利用简表详见表 15-1。

表 15-1　尖山鞍山磷矿开发利用简表

基本情况	矿山名称	尖山鞍山磷矿	地理位置	云南省昆明市西山区
	矿床工业类型	外生-沉积型磷块岩矿床		
地质资源	开采矿种	磷矿	地质储量/万吨	3110.6
	矿石工业类型	沉积型磷块岩矿石	地质品位/%	27.00
开采情况	矿山规模/万吨·年$^{-1}$	80（中型）	开采方式	露天开采
	开拓方式	公路运输开拓	主要采矿方法	组合台阶采矿法
	采出矿石量/万吨	154.69	出矿品位/%	25.68
	废石产生量/万吨	2744.95	开采回采率/%	98.18
	贫化率/%	2	剥采比/t·t^{-1}	17.74
选矿情况	选矿厂规模/万吨·年$^{-1}$	68	选矿回收/%	87.57
	入选矿石量/万吨	104.10	原矿品位/%	27
	精矿产量/万吨	87.90	精矿品位/%	28
	尾矿产生量/万吨	16.2	尾矿品位/%	21.57
综合利用情况	综合利用率/%	85.98	废水利用率/%	0
	废石排放强度/t·t^{-1}	31.23	废石处置方式	废石场堆存
	尾矿排放强度/t·t^{-1}	0.18	尾矿处置方式	尾矿库堆存
	废石利用率/%	0	尾矿利用率/%	0

15.2　地质资源

15.2.1　矿床地质特征

尖山鞍山磷矿为沉积型磷块岩矿石，矿床为外生-沉积型磷块岩矿床，磷为单一矿产，P_2O_5 地质品位为 27%。矿（体）层主要赋存于寒武系下统梅树村组第二段（$\varepsilon_1 m^2$）中。矿（体）层出露东起滇池湖畔，沿鞍山、尖山、汤家大山一线脊部向西延伸，至 10 线附近红岩山顶，后转以 300° 左右走向出露，终结于西部云南磷肥厂附近的宝珠山。东段矿（体）层产状陡，且又出露于脊部甚至反向坡，矿（体）层露头宽仅 30m 左右；向西随着矿层倾角、地形坡度的变缓，冲沟、雨裂的切割而逐渐展开，部分地段矿（体）层出露宽时可达 500 余米，而使矿（体）层出露形态更为复杂。其产状与上覆、下伏地层一致，总体为由南向北及北东 30° 方向倾斜、延伸的单斜形态。东部走向近东西，倾向 340°~20°，矿（体）层出露部分倾角较陡，在深部逐渐变缓。矿体上矿层的矿体走向长度为 1500m，倾角 28°，矿体厚度为 11.49m，矿体赋存深度 60m；矿体下矿层的矿体走向长度为 1500m，倾角 28°，矿体厚度 8.71m，矿体赋存深度 60m，两矿体均属稳固矿岩，围岩为稳固矿岩，矿床水文地质条件中等。

15.2.2 资源储量

尖山鞍山磷矿为单一矿产，无共伴生矿产，矿石工业类型为沉积型磷块岩矿石。矿山累计查明资源储量 3110.6 万吨，平均品位为 27%。

15.3 开采情况

15.3.1 矿山采矿基本情况

尖山鞍山磷矿为露天开采矿山，采用公路运输开拓，使用的采矿方法为组合台阶采矿法。矿山设计年生产能力 80 万吨，设计开采回采率为 97%，设计贫化率为 3%，设计出矿品位（P_2O_5）为 26.20%，磷矿最低工业品位（P_2O_5）为 15%。

15.3.2 矿山实际生产情况

2013 年，矿山实际出矿量 149.86 万吨，排出废石 2744.95 万吨。具体生产指标见表 15-2。

表 15-2 矿山实际生产情况

采矿量/万吨	开采回采率/%	出矿品位/%	贫化率/%	露天剥采比/t·t⁻¹
154.69	98.18	25.68	2	17.74

15.4 选矿情况

矿山擦洗厂设计年选矿能力 68 万吨，为中型选矿厂。2011 年，入选矿石总量 93.90 万吨，入选矿石平均品位 27%，产出精矿量 78.75 万吨，精矿平均品位 28%。2013 年，入选矿石量 104.10 万吨，入选矿石平均品位 27%，产出精矿量 87.90 万吨，精矿平均品位 28%。矿山选矿情况见表 15-3。

表 15-3　矿山选矿情况

年份	入选矿石量/万吨	入选品位 P_2O_5/%	精矿量/万吨	精矿品位/%
2011	93.90	27	78.75	28
2013	104.10	27	87.90	28

15.5　矿产资源综合利用情况

尖山鞍山磷矿为单一磷矿，矿产资源综合利用率为 85.98%，尾矿品位 21.57%。

废石集中堆存在废石场，截至 2013 年年底，废石场累计堆存废石 19144 万吨，2013 年排放量为 2744.95 万吨。废石利用率为零，处置率为 100%。

尾矿集中堆存在尾矿库，截至 2013 年年底，尾矿库累计堆存尾矿 402.74 万吨，2013 年排放量为 16.20 万吨。尾矿利用率为零，处置率为 100%。

16 尖山汤家山磷矿

16.1 矿山基本情况

尖山汤家山磷矿为露天开采的中型矿山，无共伴生矿产。矿山始建于2003年，同年建成投产。矿区位于云南省昆明市西山区，北距昆明32km，南至晋宁20km，西至安宁30km，均有公路、铁路与全国相连，交通十分便利。矿山开发利用简表详见表16-1。

表 16-1 尖山汤家山磷矿开发利用简表

基本情况	矿山名称	尖山汤家山磷矿	地理位置	云南省昆明市西山区
	矿床工业类型	外生-沉积型磷块岩矿床		
地质资源	开采矿种	磷矿	地质储量/万吨	4684.4
	矿石工业类型	沉积型磷块岩矿石	地质品位/%	26.30
开采情况	矿山规模/万吨·年$^{-1}$	80（中型）	开采方式	露天开采
	开拓方式	公路运输开拓	主要采矿方法	组合台阶采矿法
	采出矿石量/万吨	88.37	出矿品位/%	25.68
	废石产生量/万吨	2674.40	开采回采率/%	98.18
	贫化率/%	2	剥采比/t·t^{-1}	30.26
选矿情况	选矿厂规模/万吨·年$^{-1}$	68	选矿回收率/%	87.57
	入选矿石量/万吨	104.10	原矿品位/%	27
	精矿产量/万吨	87.90	精矿品位/%	28
	尾矿产生量/万吨	16.2	尾矿品位/%	21.57
综合利用情况	综合利用率/%	85.68	废水利用率/%	0
	废石排放强度/t·t^{-1}	30.43	废石处置方式	废石场堆存
	尾矿排放强度/t·t^{-1}	0.18	尾矿处置方式	尾矿库堆存
	废石利用率/%	0	尾矿利用率/%	0

16.2 地质资源

16.2.1 矿床地质特征

尖山汤家山磷矿为磷块岩矿石，矿床为外生-沉积型磷块岩矿床，为单一矿产，P_2O_5地质品位为26.30%。矿体上矿层的矿体走向长度为1200m，倾角为15°，矿体厚度为10.79m，矿体赋存深度为60m；矿体下矿层的矿体走向长度为1200m，倾角为15°，矿体厚度为 10.79m，矿体赋存深度为 60m，两矿体均属中等稳固矿岩，围岩为不稳固矿岩，矿床水文地质条件中等。

16.2.2　资源储量

尖山汤家山磷矿为单一矿产，矿石工业类型为沉积型磷块岩矿石。矿山累计查明资源储量 4684.4 万吨，平均品位为 26.30%。

16.3　开采情况

16.3.1　矿山采矿基本情况

尖山汤家山磷矿为露天开采矿山，采用公路运输开拓，使用的采矿方法为组合台阶采矿法。矿山设计年生产能力 80 万吨，设计开采回采率为 97%，设计贫化率为 3%，设计出矿品位（P_2O_5）为 26.20%，磷矿最低工业品位（P_2O_5）为 15%。

16.3.2　矿山实际生产情况

2013 年，矿山实际出矿量 84.53 万吨，排出废石 741.96 万吨，具体生产指标见表 16-2。

表 16-2　矿山实际生产情况

采矿量/万吨	开采回采率/%	出矿品位/%	贫化率/%	露天剥采比/t·t⁻¹
88.37	98.18	25.68	2	30.26

16.4　选矿情况

矿山擦洗厂设计年选矿能力 68 万吨，为中型选矿厂。2011 年，入选矿石总量 93.90 万吨，入选矿石平均品位 27%，产出精矿量 78.75 万吨，精矿平均品位 28%。2013 年，入选矿石量 104.10 万吨，入选矿石平均品位 27%，产出精矿量 87.90 万吨，精矿平均品位 28%。详见表 16-3。

表 16-3　矿山选矿情况

年份	入选矿石量/万吨	入选品位（P_2O_5）/%	精矿量/万吨	精矿品位/%
2011	93.90	27	78.75	28
2013	104.10	27	87.90	28

16.5　矿产资源综合利用情况

尖山汤家山磷矿为单一磷矿，矿产资源综合利用率 85.68%，尾矿品位 21.57%。

　　废石集中堆存在废石场，截至 2013 年底，废石场累计堆存废石 4246.37 万吨，2013 年排放量为 2674.40 万吨。废石利用率为零，处置率为 100%。

　　尾矿集中堆存在尾矿库，截至 2013 年底，尾矿库累计堆存尾矿 157.25 万吨，2013 年排放量为 13.39 万吨。尾矿利用率为零，处置率为 100%。

17 建平磷铁矿

17.1 矿山基本情况

建平磷铁矿为露天开采的中型矿山，共伴生有铁矿。矿山于 1970 年 10 月 1 日建矿，1971 年 4 月 4 日投产。矿区位于辽宁省朝阳市建平县，矿区南距建平县城 28km，区内有锦（州）—赤（峰）铁路穿过，省级公路通达矿区，交通便利。矿山开发利用简表详见表 17-1。

表 17-1 建平磷铁矿开发利用简表

基本情况	矿山名称	建平磷铁矿	地理位置	辽宁省朝阳市建平县
	矿床工业类型	中-基性岩浆分异变质磷灰石矿床		
地质资源	开采矿种	磷矿	地质储量/万吨	3980.01
	矿石工业类型	磷灰石（岩）矿石	地质品位/%	2.8
开采情况	矿山规模/万吨·年$^{-1}$	45（中型）	开采方式	露天开采
	开拓方式	公路汽车运输开拓	主要采矿方法	组合台阶采矿法
	采出矿石量/万吨	120	出矿品位/%	2.6
	废石产生量/万吨	414	开采回采率/%	95
	贫化率/%	5	开采深度（标高）/m	680~470
	剥采比/t·t^{-1}	3.45		
选矿情况	选矿厂规模/万吨·年$^{-1}$	45	选矿回收率/%	75.5
	主要选矿方法	两段一闭路破碎，一段闭路磨矿，单一浮选		
	入选矿石量/万吨	120	原矿品位（P_2O_5）/%	2.6
	磷精矿产量/万吨	6.72	磷精矿品位/%	35.05
	尾矿产生量/万吨	113.28	尾矿品位/%	0.6
综合利用情况	综合利用率/%	48.45	废水利用率/%	65
	废石排放强度/t·t^{-1}	61.61	废石处置方式	废石场堆存、建材
	尾矿排放强度/t·t^{-1}	16.86	尾矿处置方式	尾矿库堆存、填沟
	废石利用率/%	12.08	尾矿利用率/%	56.31

17.2 地质资源

17.2.1 矿床地质特征

建平磷铁矿矿床为中-基性岩浆分异变质磷灰石矿床，矿石为磷灰石（岩）矿石，矿床水文地质条件属于简单类型。该矿床由 9 条矿体组成，矿体特征见表 17-2。

表 17-2 矿体特征一览表

矿体编号	矿体控制长度/m	形态	产状		矿体平均真厚度/m	矿体平均品位/%			矿体赋存标高/m
			倾向	倾角/(°)		P_2O_5/%	SFe/%	TiO_2/%	
I	420	似层状	南东	64~80	49.71	3.27	11.50	2.70	575~470
II	360	透镜状	南	54~68	26.14	3.21	12.47	2.45	622~470
III	300	透镜状	南	7~25	92.29	2.92	11.16	2.07	610~470
IV	912	似层状	南东	67~86	43.48	3.69	12.70	2.82	600~470
V	166	透镜状	南东	64~70	34.76	3.16	11.57	2.39	630~470
VI	835	似层状	南西	15~83	50.64	3.71	13.37	2.83	610~470
VII	276	透镜状	南东	22~85	20.95	3.43	14.40	2.94	680~640
VIII	260	透镜状	东	25~70	107.89	3.50	13.68	3.02	565~470
IX	310	透镜状	北	67~73	43.14	2.90	11.73	2.09	590~470

矿体属于稳固矿岩，围岩属于稳固岩石。

矿石质量特征简述如下：

（1）矿石矿物成分。矿石主要矿物有磷灰石、磁铁矿、普通角闪石、斜长石、黑云母。次要矿物有钛铁矿、黄铁矿、榍石。少量次生蚀变矿物有白钛矿、绿帘石、方解石、绿泥石、石膏等。

（2）矿石结构、构造。矿石结构主要为中粒花岗变晶结构、碎裂结构。矿石构造主要以块状、斑杂状构造为主，局部见斜长疏斑状构造和片状构造。

（3）矿石化学成分。矿石到围岩在岩石化学上存在明显而有规律的由基性岩到酸性岩的过渡关系，各类岩石稍偏碱性，反映了本区含磷斑杂状岩石在化学成分上的演化规律。

根据矿石的矿物成分、结构、构造将矿石划分为五种自然类型。分别是磷灰石矿、斜长变斑磷灰石矿、含磷灰石黑云斜长斑杂状混合岩、变粒岩型磷灰石矿、含磷灰石黑云角闪斜长变粒岩。

17.2.2　资源储量

建平磷铁矿主要矿种为磷，伴生有铁，该矿床磷矿石工业类型为磷灰石（岩）矿石。矿山累计查明磷矿矿石量为 3980.02 万吨，磷平均地质品位（P_2O_5）为 2.8%，铁平均地质品位（TFe）为 9%。

17.3　开采情况

17.3.1　矿山采矿基本情况

建平磷铁矿为露天开采矿山，采用公路运输开拓，使用的采矿方法为组合台阶采矿法。矿山设计年生产能力 45 万吨，设计开采回采率为 95%，设计贫化率为 5%，设计出矿品位（P_2O_5）2.8%，磷矿最低工业品位（P_2O_5）为 3%。

17.3.2　矿山实际生产情况

2013 年，矿山实际出矿量 120 万吨，排出废石 414 万吨。矿山开采深度为 680~470m 标高。具体生产指标见表 17-3。

表 17-3　矿山实际生产情况

采矿量/万吨	开采回采率/%	出矿品位/%	贫化率/%	露天剥采比/t·t⁻¹
120	95	2.6	5	3.45

17.3.3　采矿技术

该矿山开采方式为露天开采，矿山开拓方式为公路运输开拓，矿山主要采矿设备见表 17-4。

表 17-4　矿山主要采矿设备

序号	设备名称	设备型号	数量/台
1	钻机	KQ150	20
2	空压机	LUY290D-21	20
3	挖掘机	820R	1
4	挖掘机	275-9	1
5	挖掘机	210B	1
6	装载机	953-2	1
7	运输车	1.25t	29
8	运输车	5t	33

17.4　选矿情况

17.4.1　选矿厂概况

矿山选矿厂设计年选矿能力为 45 万吨，设计入选品位（P_2O_5）为 2.6%，最大入磨粒度为 15mm，磨矿细度为 -0.074mm 占 85%。选矿方法为浮选—磁选，选矿产品为磷精矿、铁精矿，磷精矿采用浮选回收，品位（P_2O_5）为 35% ~ 35.02%；铁精矿采用磁选回收，品位（TFe）为 66% ~ 66.05%。

该矿山 2011 年、2013 年选矿情况见表 17-5。

表 17-5　建平磷铁矿选矿情况

年份	入选矿石量/万吨	入选品位/%	选矿回收率/%	每吨原矿选矿耗水量/t	每吨原矿选矿耗新水量/t	每吨原矿选矿耗电量/kW·h	每吨原矿磨矿介质损耗/kg	产率/%
2011	91	2.6	71.22	1	0.4	40	0.4	5.27
2013	120	2.6	75.5	1.4	0.4	40	0.4	5.6

17.4.2　选矿工艺流程

原矿经过汽车运输至原矿仓后由振动给料机给入颚式破碎机粗碎，矿石粗碎后经运输皮带输送至圆锥破碎机进行中碎，中碎后矿石经运输皮带输送至振动筛进行筛分，筛下产物为合格矿石送入磨矿料仓，筛上产物则通过返回循环皮带机运送至细碎圆锥破碎机，经过细碎后矿石再返回振动筛进行筛分，形成闭路循环。

球磨机给料仓中矿石经皮带运输给入球磨机和螺旋分级机组成的闭路磨矿系统。磨矿产品经过一次粗选和三次精选后得到磷精矿。

浮选磷尾矿自流给入磁选系统，经过一段磁选和粗选扫选后进行铁精矿筛分，筛下物进入精选磁选机，筛上物返回再磨车间进行二段磨矿。筛下物精矿经精选后成为最终铁精矿。

磷精矿给入磷精矿过滤系统。形成最终磷矿粉，直接由皮带输送至磷精粉库。

尾矿经过尾矿浓缩池浓缩将尾矿中的部分选别用水回收至循环水泵站，再由循环水泵站输送至选厂作为选别用水。尾矿经过浓缩后，直接输送至尾矿输送泵站，尾矿输送泵站将矿浆输送至尾矿干排站。尾矿进入干排站后，经过干排系统将尾矿中水分进一步回收，尾矿直接干排，水分作为选别用水继续输送至选厂作为生产用水。选矿工艺流程如图 17-1所示，选矿主要设备型号及数量见表 17-6。

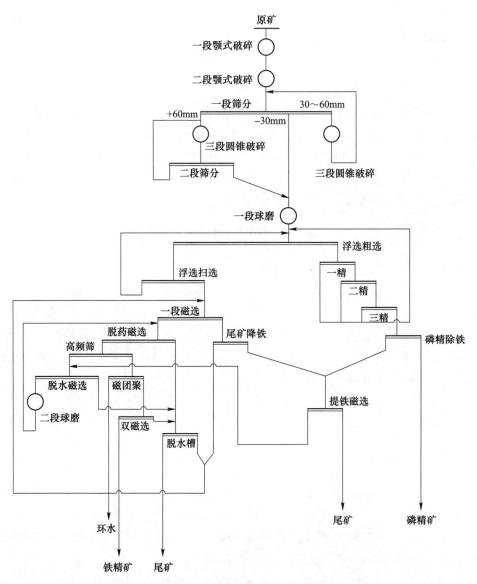

图 17-1　建平磷铁矿选矿工艺流程

表 17-6　主要选矿设备

序号	设备名称	规格型号	使用数量/台（套）
1	板式给料机	1200-5	3
2	颚式破碎机	PE900×1200	3
3	圆锥破碎机	PYE2200	2
4	破碎机	PYSD1613	6
5	振动筛	YA2148	3
6	格筛	650×650	5
7	振动给料机	GZG803	8

序号	设备名称	规格型号	使用数量/台(套)
8	球磨机	MQG3245	4
9	球磨机	MQG2136	2
10	球磨机	MQY1864	5
11	螺旋分级机	FG-30	2
12	浮选机	SF-8	30
13	浮选机	JJF-8	30
14	浮选机	SF-4	20
15	浮选机	JJF-4	20
16	粗磁选机	CTB1230	5
17	粗扫磁选机	CTB1230	5
18	脱药磁选机	CTB1024	5
19	浓密磁选机	NT918	5
20	精选磁选机	CTB921	5
21	浓缩池	91m	2
22	浓缩机	24m	1

17.5 矿产资源综合利用情况

建平磷铁矿主矿产为磷矿，伴生有铁，矿产资源综合利用率48.45%，尾矿 P_2O_5 品位 0.6%。

废石集中堆存在废石场，截至 2013 年年底，废石场累计堆存废石 2562 万吨，2013 年排放量为 414 万吨。废石利用率为 12.08%，处置率为 100%。

尾矿集中堆存在尾矿库，截至 2013 年年底，尾矿库累计堆存尾矿 450 万吨，2013 年排放量为 106.56 万吨。尾矿利用率为 56.31%，处置率为 100%。

18　晋宁磷矿

18.1　矿山基本情况

晋宁磷矿为露天开采磷矿的大型矿山，无共伴生矿产。矿山始建于 1981 年 5 月，同年 11 月投产，是第四批国家级绿色矿山试点单位。矿区位于云南省昆明市晋宁县，滇池东南岸，距昆阳县城 15km，距昆明 40km，昆玉公路、昆洛公路、中宝磷路穿境而过，区位优势良好，交通便利。矿山开发利用简表详见表 18-1。

表 18-1　晋宁磷矿开发利用简表

基本 情况	矿山名称	晋宁磷矿	地理位置	云南省昆明市晋宁县
	矿山特征	第四批国家级绿色 矿山试点单位	矿床工业类型	浅海-滨海相沉积大型 磷块岩矿
地质 资源	开采矿种	磷矿	地质储量/万吨	16028.44
	矿石工业类型	硅质及硅酸盐型亚 类矿石	地质品位/%	25.09
开采 情况	矿山规模	250（大型）	开采方式	露天开采
	开拓方式	公路汽车运输开拓	主要采矿方法	组合台阶采矿法
	采出矿石量/万吨	414.07	出矿品位/%	27.35
	废石产生量/万吨	3473.1	开采回采率/%	97.67
	贫化率/%	1.8	开采深度（标高）/m	2450~2210
	剥采比/t·t⁻¹	8.39		
选矿 情况	选矿厂规模/万吨·年⁻¹	130	选矿回收率/%	95.23
	主要选矿方法	两段破碎—擦洗脱泥		
	入选矿石量/万吨	172.88	原矿品位/%	27.85
	精矿产量/万吨	158.05	精矿品位/%	29.01
	尾矿产生量/万吨	14.83	尾矿品位/%	15.50
综合 利用 情况	综合利用率/%	93.18	废水利用率/%	88.2
	废石排放强度/t·t⁻¹	21.98	废石处置方式	废石场堆存
	尾矿排放强度/t·t⁻¹	0.09	尾矿处置方式	尾矿库堆存

18.2　地质资源

18.2.1　矿床地质特征

晋宁磷矿属浅海-滨海相沉积大型磷块岩矿，矿区位于康滇地轴东南侧，属昆明凹陷的西缘。矿区内地质构造线大都呈近南北向展布；区内地层发育较齐全，除奥陶系、志留系缺失外，前震旦系至第四系均有出露。矿区处于小江深大断裂与滇池断裂带间。矿区属养白牛向斜一级构造—王家湾向斜西翼，总体构造为走向近南北、向东倾的单斜构造，因逆冲断层影响，部分地段发育成小型褶皱，主要褶皱有小白龙-长冲箐背斜、小马碾向斜。区内断层比较发育，主要在近南北向、北东向和北西向三组，偶见东西向断层。以近南北向断层为主，该组断层属逆层性质，倾向东，构成矿区断裂构造的主体格架，其余方向断层常切割该组断层。受断层及伴生小褶皱影响，区内含矿地层局部复杂化。区内构造对矿体影响程度中等。

晋宁磷矿矿体主要赋存于寒武系下统梅树村组（1m）第三、第二岩性段中，矿层产状与上覆、下腹地层一致，形成较为稳定的单一矿层。矿体（层）露头走向总体由北向南呈带状分布，倾向东-北东的单斜构造地层。区内磷矿层特征为：矿层中部为品位较高的致密状磷块岩夹硅质磷块岩，其矿石 P_2O_5 品位较高，主要为Ⅰ品级矿体；该矿层上、下均为含砂白云质磷块岩，矿石 P_2O_5 品位稍差，主要为Ⅱ、Ⅲ品级矿体；各品级矿体之间沉积层较为稳定，物质组分渐变，品级过渡，零星分布有扁豆状夹石。

矿区东矿段矿体走向长度 9000m，倾角 30°，宽体厚度为 11.27m，赋存深度 151m；西矿段矿体走向长度 4200m，倾角 25°，宽体厚度为 16.25m，赋存深度 158m。两个矿体均属于中等稳固矿岩，围岩也属稳固围岩，矿床水文地质以大气降水和矿层及其顶板裂隙充水为主的中等类型。

矿石物质组成：矿区磷矿石属白云质磷矿岩，矿物组分简单。其矿石矿物磷酸盐矿物99%为非晶质的胶磷矿，而隐晶磷灰石、氟磷灰石及次生的银星石少，脉石矿物有白云石、有机泥质、黏土矿物、石英、玉髓、黑云母、蠕绿泥石、绢云母、黄（褐）铁矿、白云母，微量斜长石、锆石、电气石。

矿石结构：主要为粒状（或团粒）胶体结构，少量碎屑状、生物碎屑结构。

矿石构造：主要块状构造、层纹状构造，少量为结核状及麻点状构造等。

矿石类型：根据矿石化学成分含量，将磷矿石划分为硅质及硅酸盐型亚类矿石，少数地段属混合型亚类矿石。自然类型：根据矿石物质组分及构造不同，共分为致密块状磷矿岩、层纹状含砂质白云质磷块岩、含砂质白云质磷块岩、含水云母磷块岩、层纹状含粉砂含水云母硅质磷块岩。成因类型按颗粒与填隙物间的关系相应分为：团粒磷矿岩、微晶团粒磷矿岩等。

18.2.2　资源储量

晋宁磷矿为单一矿产，主要矿石为硅质及硅酸盐型亚类矿石，有价化合物为 P_2O_5，地质品位 25.09%，矿山累计查明资源储量 16028.44 万吨。

18.3　开采情况

18.3.1　矿山采矿基本情况

晋宁为露天开采矿山，采用公路运输开拓，使用的采矿方法为组合台阶采矿法。矿山设计年生产能力 250 万吨，设计开采回采率为 97%，设计贫化率为 3%，设计出矿品位（P_2O_5）为 27.85%，磷矿最低工业品位（P_2O_5）为 15%。

18.3.2　矿山实际生产情况

2013 年，矿山实际出矿量 414.07 万吨，排出废石 3473.1 万吨。矿山开采深度为 2450~2210m 标高。具体生产指标见表 18-2。

表 18-2　矿山实际生产情况

采矿量/万吨	开采回采率/%	出矿品位/%	贫化率/%	露天剥采比/t·t^{-1}
414.07	97.67	27.35	1.8	8.39

18.3.3　采矿技术

18.3.3.1　运输方案

矿山开拓运输方式采用公路—汽车运输开拓方式。

18.3.3.2　运输系统

露天开采采用场外直进式公路开拓方式，场内采用折返式公路开拓方式。每 1~2 个台阶设 1 条场外固定线路，分别由采场通达排土场及场外矿石运输公路。

运输线路布置参数：

运输线路宽度：单线 10m、双线 14.5m；

最大线路纵坡：$i=8\%$；

最小回头曲线半径：$R=15m$；

缓和坡段长度：$L=30m$。

18.3.3.3　供电、供水

矿山用电负荷不大，露天生产期用电负荷约 500kW，主要用电设备为生活用电、采场照明等。矿山生产年耗水量为 50 万立方米，供水水源为矿区北部海口河，采场供水由高位池（200m^3）供应，依据采场位置矿区范围内布置了 3 个高位水池；生活用水主要在地形低凹地带打水井解决。

18.3.3.4　排土场

A　内部排土场结构参数

排土场采用 3% 的上坡，随采矿工作推进，汽车卸载地点至排土场的上部边缘距离不小于 3m；通往内部排土场公路两侧距排土场边坡不小于 10m，其他参数见表 18-3。

表 18-3 排土场结构参数

台阶高度/m	台阶坡面角/(°)	作业平台最小宽度/m	最大排土高度/m	最终边坡角/(°)
30	30	30	120	19

B 内部排土场工艺

排废顺序与采剥顺序一样,采用自上而下的堆置顺序。废石堆的底线距采矿工作面不得小于 50m,以保证作业安全,减少因降雨产生泥浆造成的矿石贫化。

内部排土场采用推土机辅助排废。汽车卸载后,推土机将遗留在工作平台上的部分废石推向阶段边帮,推土机的工作量为总废石量的 40%~50%。

C 覆土造地

在排土场下部排废石,然后在台阶面之上排 0.5~1m 表土或种植土,保存采矿所剥离的种植土,选择适当的地方储存,为将来覆土造地所用。

18.3.3.5 露天采场防排水

在露天采场四周外围适当地点修建截水沟拦截场外大气降水,防止场外大气降水汇入露天采场冲刷边坡;山坡露天采场内的大气降水可通过各台阶内的排水沟自流排出场外,凹陷露天采场内的大气降水、涌水采用移动排水设备扬送至封闭圈标高排水沟自流排出场外。

露天坑内集水采用采场底部集中排水方式,在露天坑底部设置集水坑和潜水移动泵站,随着露天开采深度的下降,集水坑和移动泵站随之下降,将集水排出境界外。

18.3.3.6 采剥工作

A 采剥工艺选择

经过矿山多年生产实践证明,对于地表及浅部可直接进行铲挖,对于深部大部需进行穿孔爆破。

根据不同的地形、地貌及矿体赋存特征,缓倾斜矿体采用缓帮采矿纵向布置工作面,采用“推土机—液压铲—汽车运输”的长壁式采剥工艺,即推土机对覆盖层及矿石进行集堆,然后由液压铲装车。

倾斜矿体采剥工作面采用纵向和横向布置相结合,陡帮和缓帮相配合的采剥方式。上部剥离工作面以陡帮纵向布置为主,下部采矿工作面以缓帮横向布置为主。

上部陡帮剥离组合台阶剥离参数:每组内自上而下以台阶高度 10m,逐个台阶轮流开采,当一个组合段中最上一个台阶推进到上一个组合段或靠帮时,设备转移到本组合段下一台阶,下一组合段推进一个台阶到本组合段。每一组合段一般配一台挖掘机作业,个别时间为加快扩帮速度可布置两台集中在同一组合段作业。为调剂各年度的采剥工作量,特别是为满足矿石产量的要求,在保持总的工作帮坡角 25°左右,扩帮平台宽度不变的前提下,工作帮内的组数和组合段内的台阶数都是可调整的。

下部缓帮采矿工艺参数:下部缓帮横向采矿工艺为常规工艺,根据露天境界内矿体走向特点及为满足生产能力的要求,采用工作面沿矿体走向布置。初期由于宽度和运输线路限制,只能单台阶作业,随着工作面的下降只有当平台宽度大于最小工作平台宽度后才可进行第二台阶的作业,因此为加快扩帮速度可布置两台集中在一起作业。

采出磷矿矿石分为Ⅰ、Ⅱ、Ⅲ级品,根据擦洗厂和浮选厂对不同矿石入选品位的要求，Ⅰ、Ⅱ、Ⅲ级品矿石必须按一定的比例分别供矿，实行分采分运。

B　采剥工作面布置及工作面要素

采剥工作面采用纵向布置方式。

矿山为"山坡+凹陷露天"开采，采用由上而下的开采顺序。

开段沟布置于矿体顶板，开段沟宽度 20~25m，扩帮后由矿体顶板向底板方向推进。露天采场布置 10 个采剥作业面，采剥作业台阶高度 10m，采场靠帮时由两个台阶并为一个 20m 高台阶，每个台阶留 10m 宽的安全、清扫平台。

采剥工作面构成要素如下：作业台阶高度 10m、最小工作平台宽度 30~35m、开段沟宽度 20~25m、最小工作线长度 200m。

18.3.3.7　主要设备

浅部矿岩风化严重，可直接铲挖，但深部局部地段铲挖困难时需要适时组织实施爆破，爆破由民爆大队组织实施。

A　穿爆作业

主要穿孔设备为矿山使用情况较好的 DI500 潜孔钻机穿孔。

采剥作业面采用多排孔微差爆破，非电微差起爆系统起爆。每个作业面每周爆破 1 次，采矿每周爆破 3~4 次，矿山爆破作业委托当地民爆队负责实施。

采剥作业面采用多排孔微差爆破，孔间距 6.5m，超深 1.65m，钻孔深度 11.65m；非电微差起爆系统起爆，每个作业面每周爆破 1 次，矿山爆破作业委托当地民爆队实施。

三角带处理及边坡预裂爆破。根据矿体的赋存特点，为减少开采的损失和贫化率，在矿体倾角较缓的前后三角地带，采用降低作业台阶高度的推进方式处理；在台阶终了位置一律使用预裂爆破法靠帮，以尽量减轻对最终边坡的破坏。

配置"液压碎石机+小型挖机"对大块矿岩进行二次破碎。

B　铲装作业

矿山目前现有铲装设备 PC400-6（$2m^3$ 铲）2 台、PC750-7（$4m^3$ 铲）1 台、EC700（$4m^3$铲）3 台、PC1250（$4m^3$铲）1 台。

C　辅助作业及设备

矿山现有 CATD8R 推土机 1 台，D85 推土机 2 台。配置 XG955（$3m^3$）型轮式装载机 5 台，用于完成矿体三角带的清理、装载及场地平整、辅助装载等作业。露天采场配置 4 辆洒水车用于洒水除尘。

18.4　选矿情况

18.4.1　选矿厂概况

矿山选矿厂为晋宁磷矿擦洗厂，擦洗厂设计年选矿能力为 130 万吨，设计入选品位为 26%，选矿方法为擦洗脱泥，矿产品为磷精矿，精矿（P_2O_5）品位为 29.01%。该矿山 2014 年选矿情况见表 18-4。

表 18-4　2014 年晋宁磷矿选矿情况

入选矿石量/万吨	入选品位（P_2O_5）/%	选矿回收率/%	产率/%
172.88	27.85	95.23	91.42

18.4.2　选矿工艺流程

　　原矿采用两段破碎，粗碎采用颚式破碎机，产品粒度≤250mm；二段破碎采用锤式破碎机，产品粒度≤50mm。破碎产品进入洗矿机进行擦洗脱泥。洗矿机细泥部分再经过两段水力旋流器分级脱泥最后得到 $-0.019mm$ 的尾矿。洗矿机块矿部分进入筛子筛分，$-1mm$ 产品进入水力旋流器脱泥，$+50mm$ 部分进入锤式破碎机经过破碎后得到磷精矿，热法精矿的粒度根据需求而定，$-50\sim+1mm$ 部分连同水力旋流器的沉沙产品一同作为酸法矿精矿。擦洗工艺流程见图 18-1。擦洗厂主要设备表见表 18-5。

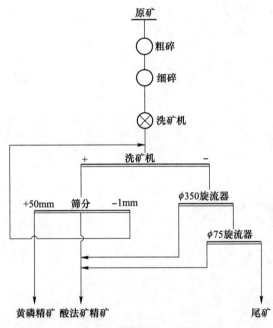

图 18-1　擦洗厂工艺流程

表 18-5　擦洗厂主要设备型号及数量

序号	设备名称	规格型号	使用数量/台（套）
1	颚式破碎机	PE750×1060	1
2	锤式给矿机		1
3	槽式洗矿机	XK2200×8400	4
4	直线筛	2ZKX1548	4
5	Ⅰ段旋流器	$\phi350$	30
6	Ⅱ段旋流器	$\phi75$	120

18.5   矿产资源综合利用情况

晋宁磷矿为单一磷矿，矿产资源综合利用率 93.18%，尾矿品位 15.5%。

废石集中堆存在废石场，截至 2013 年年底，废石场累计堆存废石 12631.63 万吨，2013 年排放量为 3473.1 万吨。废石利用率为零，处置率为 100%。

尾矿集中堆存在尾矿库，截至 2013 年年底，尾矿库累计堆存尾矿 535.96 万吨，2013 年排放量为 14.83 万吨。尾矿利用率为零，处置率为 100%。

19 开磷极乐矿段

19.1 矿山基本情况

开磷极乐矿段为地下开采的大型矿山，共伴生有用元素主要有碘、氟。矿山始建于1982年6月，同年12月投产。矿区位于贵州省贵阳市开阳县，距开阳县城22km，距贵阳市65km。矿区有铁路专用线32km在小寨坝与川黔线相接，公路可通往贵阳、开阳、息烽及遵义等市县，交通较为方便。矿山开发利用简表详见表19-1。

表 19-1 开磷极乐矿段开发利用简表

基本情况	矿山名称	开磷极乐矿段	地理位置	贵州省贵阳市开阳县
	矿床工业类型	晚震旦世陡山沱期海相沉积磷块岩		
地质资源	开采矿种	磷矿	地质储量/万吨	5466.6
	矿石工业类型	钙（镁）质磷块岩矿石	地质品位/%	34.10
开采情况	矿山规模/万吨·年⁻¹	100（大型）	开采方式	地下开采
	开拓方式	平硐—斜井联合开拓	主要采矿方法	充填采矿法
	采出矿石量/万吨	103.69	出矿品位/%	31.71
	废石产生量/万吨	1.5	开采回采率/%	80.03
	贫化率/%	5.79	开采深度（标高）/m	1060~720
	掘采比/米·万吨⁻¹	132		
综合利用情况	综合利用率/%	76.03	废石利用率/%	100
	废石排放强度/t·t⁻¹	0.01	废石处置方式	充填井下

19.2 地质资源

19.2.1 矿床地质特征

开磷极乐矿段矿床类型为浅-滨海式沉积磷块岩矿床，磷矿石工业类型为钙（镁）质磷块岩矿石。矿区出露地层有板溪群清水江组（Ptbnq），南华系上统南沱组（Nh_2n），震旦系下统陡山沱组（Z_1d）、上统灯影组（Z_2dn）以及寒武系下统牛蹄塘组（ε_1n）。其中含矿地层为震旦系下统陡山沱组（Z_1d）。陡山沱组（Z_1d）由砂岩、磷块岩和含砂砾岩等组成，厚12~18m，分两个岩性段。

上部：褐灰色、蓝灰色、茶色致密状、碎屑状、条带状磷块岩，层厚0.92~7.55m。

下部：灰绿色细至中粒石英砂岩，普遍含星散状黄铁矿自形晶颗粒，中下部见厚1m

左右的砾岩，层厚 1.01~12.40m。

极乐矿段包括南段和北段两部分，按其连续性及与断裂相对关系划分为 7 个矿块，分别为东矿块、中矿块、中矿块倒转部分、西矿块、陡矿体（北）、中西矿块、南矿块。

极乐矿区磷块岩为晚震旦世陡山沱期海相沉积磷块岩，矿石矿物以碳氟磷灰石居多，构成单磷酸盐胶磷矿，其余碳磷灰岩、磷灰石极少。矿石常呈深灰、灰、灰褐色，具条带状、致密块状和碎屑状等构造，因此，自然类型可分为条带状磷块岩、致密块状磷块岩和碎屑状磷块岩。

磷块岩中，碳酸盐类矿物含量占脉石矿物总量的 80% 以上，属钙（镁）质磷矿或碳酸盐型磷矿石，但就 P_2O_5 含量大于 30% 来说，又可称为磷酸盐富矿。磷块岩中的主要矿石矿物为碳氟磷灰石，其主要化学成分（质量分数）为 P_2O_5 和 CaO，P_2O_5 含量 33%~37%；CaO 含量 47%~51%，两者含量占矿物化学组分含量的 80%~87%。含量大于 1% 的伴生化学组分有：F、Mg、$Fe_2O_3+Al_2O_3$、CO_2、SiO_2。含量小于 1% 的微量化学组分有：I、MnO 等。

矿区矿石品位在 20.16%~37.70%，平均品位 34.10%，东矿块除少数品位在 30% 以下，大部分均大于 30%；中西矿块品位均在 30% 以上，为 I 级品；陡矿体（北）采空部分有一个块段品位为 28.58%，其余均大于 30%；西矿块品位均大于 30%，为 I 级品；中矿块个别品位小于 24%，大部分均在 30% 以上；南矿块品位均大于 30%，为 I 级品。在核实区矿石品级大部分为 I 级品，其次为 II 级品及少量 III 级品。

19.2.2 资源储量

开磷极乐矿段矿石工业类型为钙（镁）质磷块岩矿石，磷矿石中共（伴）生有用元素有碘、氟。矿山累计查明磷矿资源储量 5466.6 万吨，平均品位 34.10%；磷矿石中伴生有用元素碘保有资源储量 （333）359.56 吨，平均品位为 0.0054%；氟保有资源储量 （333）17.66 万吨，平均含量 2.67%。

19.3 开采情况

19.3.1 矿山采矿基本情况

开磷极乐矿段为地下开采的大型矿山，采用平硐—斜井开拓，使用的采矿方法为充填采矿法。矿山设计年生产能力 100 万吨，设计开采回采率为 90%，设计贫化率为 5%，设计出矿品位（P_2O_5）为 30.42%，磷矿最低工业品位（P_2O_5）为 15%。

19.3.2 矿山实际生产情况

2013 年，矿山实际出矿量 103.69 万吨，排出废石 1.5 万吨。矿山开采深度为 1060~720m 标高。具体生产指标见表 19-2。

表 19-2 矿山实际生产情况

采矿量/万吨	开采回采率/%	出矿品位/%	贫化率/%	掘采比/米·万吨$^{-1}$
103.69	80.03	31.71	5.79	132

19.3.3　采矿技术

目前，矿山采用地下开采方式，平硐，斜井开拓，采用房柱采矿嗣后充填法开采。主要采矿工艺及设备详见表 19-3。

表 19-3　矿山采矿主要设备

序号	设备名称	型号或规格	单位	数量	电机功率/kW
1	铲运机	DRWJD-1	台	2	45
2	振动放矿机	FZC-3.5/1.2-7.5	台	2	7.5
3	带式输送机	DTL-65/20/22	台	4	22
4	自卸汽车	12.8t	台	4	
5	主要通风机	DK-6-№20B	台	2	110（×2）
6	多级耐磨泵	MD450-60×2	台	3	250
7	空压机	L160-9A	台	2	160
8	矿用提升绞车	JK-2.0×1.5/31.5	台	1	180
9	监测监控系统	KJ90	套	1	
10	人员定位系统	KJ-260	套	1	

（1）盘区、工作面结构参数。极乐北矿划分为 6 个盘区，即：将中矿块划分为中矿块Ⅰ盘区和中矿块Ⅱ盘区；将中矿块倒转部分作为一个盘区开采，称为中矿块倒转盘区；将陡矿体（北）划分为陡矿体Ⅰ盘区、陡矿体Ⅱ盘区、陡矿体Ⅲ盘区。西矿块未采区域留设断层保安矿柱后已所剩无几，故不设盘区开采。

（2）盘区布置。根据中矿块走向长度短、倾向长度大的特点，在矿块走向中部位置布置两条斜坡道（两条斜坡道均贯穿Ⅰ、Ⅱ盘区），一条运输矿石、材料设备，另一条用于回风。运输斜坡道布置在矿体底盘脉外，离矿体底板垂直距离 15m，矿体与沿斜坡道间，每隔 100m 布置溜矿眼和绕道连通。回风斜坡道布置在脉内。

根据所选择的采矿方法，盘区还需要进一步划分为若干分段，分段高度按分段斜长 100m 划分，分段倾斜方向上、下两侧分别掘分段回风巷和分段运输巷，并施工切割上山贯通，形成采场进行回采。开采顺序为：分段下行式、采场后退式开采。

（3）工作面采用的方法为脉外采准分段空场嗣后胶结充填采矿方法，充填料主要为磷石膏。

（4）采场运输使用电动铲运机运输方式。运矿汽车不进采场，采场矿石用铲运机倒入溜矿眼，在斜坡道通过振动放矿机装汽车，运至井底矿仓，通过装矿皮带巷的皮带运输机运至主斜井井底并装入胶带运输机，最后由主斜井胶带运输机运输至地表。

（5）辅助生产设备包括材料、人员、设备通过辅助斜坡道和井下各条斜坡道用汽车运到各工作点。

（6）采空区处理主要通过矿柱+嗣后充填。

19.4　选矿情况

矿山生产矿石未经选矿处理，以原矿销售。

19.5　矿产资源综合利用情况

开磷极乐矿段主矿产为磷矿，磷矿石中伴生有用元素有碘、氟，矿产资源综合利用率 76.03%。

废石集中堆存在废石场，截至 2013 年年底，废石场累计堆存废石 30.66 万吨，2013 年排放量为 1.50 万吨。废石利用率为 100%，处置率为 100%。

20　开磷马路坪矿段

20.1　矿山基本情况

开磷马路坪矿段为地下开采的大型矿山，共伴生有用元素主要有碘、氟。矿山始建于1965年3月，1966年1月投产。矿区位于贵州省贵阳市开阳县，距开阳县城公路里程约29km，矿区有铁路专用线在小寨坝与川黔线相接，公路可通往贵阳、开阳、息烽及遵义等市县，交通比较方便。矿山开发利用简表详见表20-1。

表 20-1　开磷马路坪矿段开发利用简表

基本情况	矿山名称	开磷马路坪矿段	地理位置	贵州省贵阳市开阳县
	矿床工业类型	浅-滨海式沉积磷块岩矿床		
地质资源	开采矿种	磷矿	地质储量/万吨	12755.16
	矿石工业类型	磷块岩矿石	地质品位/%	32.97
开采情况	矿山规模/万吨·年$^{-1}$	230（大型）	开采方式	地下开采
	开拓方式	平硐—斜井联合开拓	主要采矿方法	充填采矿法
	采出矿石量/万吨	202.81	出矿品位/%	32.66
	废石产生量/万吨	75	开采回采率/%	82.61
	贫化率/%	3.16	开采深度（标高）/m	1150~540
	掘采比/米·万吨$^{-1}$	100		
综合利用情况	综合利用率/%	76.03	废石利用率/%	48
	废石处置方式	充填井下和堆存	废水利用率/%	30

20.2　地质资源

20.2.1　矿床地质特征

开磷马路坪矿段矿床类型为浅-滨海式沉积磷块岩矿床，磷矿石工业类型为磷块岩矿石。矿区出露的地层有第四系（Q）、寒武系下统金顶山组（$\varepsilon_1 j$）、明心寺组（$\varepsilon_1 m$）及牛蹄塘组（$\varepsilon_1 n$），震旦系上统灯影组（$Z_2 dy$）及下统陡山沱组（$Z_1 ds$），南华系上统南沱组（$Nh_2 n$），其中磷矿层赋存于震旦系下统陡山沱组中。

洋水背斜轴部的磷矿层均已被风化剥离，两翼的磷矿层均出露地表，矿层出露的标高表现为南高北低，东高西低，最高为1400m，最低为720m，一般为1000m左右。

矿区内工业磷矿层呈单层状稳定产出，倾向与地形坡向相反，矿层的埋藏深度沿倾向而增加。目前矿床的勘探深度标高为 900~306m，一般为 600m 左右。

矿层产状与地层产状一致，主要受洋水背斜的控制，局部受断裂构造的影响。洋水背斜东翼矿层走向为 0°~36°，倾向为 90°~126°，矿层倾角为 16°~45°，一般为 25°~30°。

矿层在受到走向逆断层 F_{41} 断层牵引作用的局部地段，其产状发生很大的变化，如矿层被断层牵引后上挠成水平状甚至倒转产出。

马路坪矿段矿层厚度为 1.0~13.14m，一般为 4~6m。矿层厚度变化系数一般为 40% 左右，厚度变化稳定。

矿体呈稳定层状产于陡山沱组上部，矿层结构简单，一般无夹石，产状缓倾无变化。矿层与顶底板围岩界线清楚，标志明显，极易分辨，矿层内无夹石。矿层顶部为层纹状磷块岩，中上部为致密块状磷块岩，中下部多为碎屑状磷块岩和泥质条带状磷块岩。

马路坪矿段区内矿石自然类型可分为条带状磷块岩，致密块状磷块岩和碎屑状磷块岩。三种自然类型的磷块岩，其产出层位无规律，有层位互换和间夹现象，且分界不明显。

20.2.2　资源储量

马路坪矿段区内矿石工业类型为磷块岩，磷矿石中共（伴）生有用元素有碘、氟，但尚未利用。目前，矿山累计查明资源储量 12755.16 万吨，平均品位为 32.97%，均为高品位工业矿石。

20.3　开采情况

20.3.1　矿山采矿基本情况

开磷马路坪矿段为地下开采的大型矿山，采用平硐—斜井联合开拓，使用的采矿方法为充填采矿法。矿山设计年生产能力 230 万吨，设计开采回采率为 90%，设计贫化率为 5%，设计出矿品位（P_2O_5）为 30.92%，磷矿最低工业品位（P_2O_5）为 15%。

20.3.2　矿山实际生产情况

2013 年，矿山实际出矿量 202.81 万吨，排出废石 75 万吨。矿山开采深度为 1150~540m 标高。具体生产指标见表 20-2。

表 20-2　矿山实际生产情况

采矿量/万吨	开采回采率/%	出矿品位/%	贫化率/%	掘采比/米·万吨⁻¹
202.81	82.61	32.66	3.16	100

20.3.3　采矿技术

20.3.3.1　马路坪矿北区开拓方式

A　矿石提升系统

马路坪矿北区矿石提升采用胶带斜井提升方案。2 号胶带与 1 号胶带搭接，两条胶带接力提升。胶带斜井底部已掘到 550m 标高。

B　废石提升运输系统

大部分废石需经井下转运系统，地面专用废石运输系统，用沙坝井下废石运输系统，最终运至沙沟废石场。

C　中段运输方式

采用胶带运输方案。

D　中段胶带运输布置方案

采用两个中段集中在下中段布置胶带方案。640m 中段采用汽车运输，580m 中段布置胶带，640m 中段和 580m 中段矿石和废石先集中到 580m 中段。

E　盘区划分及溜井布置方案

采用盘区长度 400m 溜井布置方案。

F　辅助运输系统

860 辅助斜坡道已下延到 550m 标高，斜坡道与各中段运输平巷及 2 号胶带斜井给料胶带平巷连接，材料、人员、设备通过 860 斜坡道用汽车井下无轨设备通道和盘区斜坡道运到各工作面。

G　通风系统及通风方式

矿山现有的通风系统为 860 辅助斜坡道进风，两翼风井回风的抽出式通风系统。矿山井下运输采用的是净化系统不完善的普通地表汽车，辅助材料通过辅助斜坡道运出地表，汽车大部分时间在斜坡道上运行，而斜坡道是矿山的唯一进风井。

H　局部通风

凡不能利用全矿井贯穿风流通风的独头工作面，均采用局扇通风，全矿配有局扇48 台。

I　井下排水系统

马路坪矿北区井下涌水首先考虑用作马路坪井下生产用水，多余部分考虑通过巷道自流到沙坝土矿，通过沙坝土矿排水系统排出地表，作为大水工业园化工生产用水，正常情况下马路坪矿北区井下不排水。考虑到矿区汛期出现特大涌水量时，沙坝土矿排水系统满足不了要求，出于安全需要，在马路坪矿北区设应急排水系统，在马路坪矿北区 580m 中段北端布置水仓水泵房，在马路坪矿北区北回风井中布置排水管道，矿坑水通过水泵由 580m 中段排到 820m 中段，经马路坪矿北区 820m 泄水平硐排出地表。

20.3.3.2　马路坪矿段南区开拓方式

（1）矿石提升系统采用胶带斜井提升方案。

（2）废石提升运输系统采用斜井胶带兼提废石的方案。大部分废石需经井下转运系统，地面专用废石运输系统，用沙坝专用排废胶带系统，用沙坝井下废石运输系统，最终运至沙沟废石场。

（3）中段运输采用胶带运输方案。

（4）中段胶带运输布置采用两个中段集中在下中段布置胶带方案。马路坪矿南区860m 中段采用汽车运输，820m 中段、700m 中段布置胶带，760m 中段和 700m 中段矿石和废石先集中到 700m 中段。

（5）盘区划分及溜井布置采用盘区长度 400m 溜井布置方案。

（6）辅助运输系统。900 辅助斜坡道已下延到 790m 标高，斜坡道与各中段运输平巷及 1 号胶带斜井给料胶带平巷连接，材料、人员、设备通过 900 斜坡道用汽车通过井下无轨设备通道和盘区斜坡道运到各工作面。

（7）通风系统及通风方式。马路坪矿段南区原设计通风系统为中央进风两翼对角抽出式通风系统。但是目前马路坪矿南区北风井尚未施工，仅在 900m 北侧安装了临时应急的主扇通风，正常情况主扇处于不开状态（因易造成污风循环）。新鲜风流除了采空区之外主要由胶带斜井、+900m 主副平硐进入，经各中段的运输平巷、盘区斜坡道，进入采场，排走工作面的烟尘，通过采场空区进入上一中段，由上一中段回风道进入 E3 附近的南回风井，污风最后由安装在南风井回风道的 DK60-8-NO24 矿用对旋式轴流风机排至地表。

（8）局部通风。凡不能利用全矿井贯穿风流通风的独头工作面，均采用局扇通风。

（9）井下排水系统。马路坪矿段南区井下涌水首先考虑用作马路坪矿段南区井下生产用水，多余部分考虑通过巷道经马路坪矿段北区自流到沙坝土矿，通过沙坝土矿排水系统排出地表，作为大水工业园化工生产用水，正常情况下马路坪矿段南区井下不排水。当汛期出现特大涌水沙坝土矿排水系统能力不足时，马路坪矿段南区前期 820m 中段以上的矿坑水，分别通过中段运输巷道从本矿 900m 平硐和马路坪矿段北区 860m、820m 平硐自流排出地表。820m、760m、700m 中段矿坑水通过中段运输巷道流到马路坪矿段北区 580m 中段集中排出地表。

20.3.3.3　脉外采准充填法

A　回采顺序

根据采矿方法对地压和采场顶板管理的要求，采取沿矿体倾向各中段从上往下，沿走向从两翼向中央退采的顺序。盘区内沿倾向从下往上开采；沿走向从盘区两翼向中央退采。

B　回采工艺

中段高 60~80m。分段高度根据矿体倾角而定，保证分段斜长在 20m 左右，以尽量减少底板残留矿石和满足深孔凿岩台车作业要求。矿体平均倾角为 28°，分段高度为 10m，当矿体倾角大于 40°时可考虑将分段高度加大到 12m。

矿体沿走向长 400m 划分一个盘区。每个盘区设一条盘区斜坡道，一条矿石溜井和一条废石溜井。矿房宽 20m，无房间矿柱。

C　采准切割工作

脉外采准工程：

溜井：每个盘区设矿石和废石溜井各一条。溜井布置在顶板围岩中，离矿体最小水平距离 15m，倾角 55°，净直径 3m，250mm 素砼支护，掘进断面 9.62m²。溜井下部设振动放矿机。

盘区斜坡道：在盘区中央矿体顶板开掘一条，按满足各种无轨设备的行驶要求考虑，掘进断面 15.15m²，一般不支护，遇破碎地段喷锚网支护或喷锚网加锚索支护。直线段坡度 14%，弯道段坡度 10%，转弯半径 12m。

分段联络道（出矿横巷）：掘进断面 15.15m²，一般不支护，遇破碎地段喷锚网支护或喷锚网加锚索支护。

脉外分段平巷：分段平巷布置于顶板围岩中，距离矿体 15m，掘进断面 15.15m²，不支护或喷锚网支护。

出矿进路：垂直于分段平巷布置于顶板围岩中，掘进断面 15.15m²，锚网支护。

充填井：每个盘区矿体上盘设充填管道井和充填废石井各一条，直径 2m，不支护。

脉内采准、切割工程：

沿脉凿岩巷：出矿进路达矿体后，于脉内靠矿体顶板布置沿脉凿岩巷，掘进断面 15.15m²，锚网支护。

切割上山：沿走向每隔 20m 在矿房中央靠顶板脉内布置一条切割上山，倾角与矿层一致。断面 3m×2.8m，掘进断面 8.4m²。采用锚网支护。

D 回采工作

回采作业分两步完成。第一步：以平行于切割上山的深孔爆破把 3m 宽的切割上山加深至矿体底板，形成切割槽。第二步：矿房回采，即把已开掘取底的切割上山两侧的矿体用深孔爆破直至矿房边界。水平回采顺序是从盘区两侧向中央后退式回采，倾向上回采顺序是从下往上回采，矿房回采结束后对采空区进行嗣后磷石膏胶结充填。

凿岩爆破：凿岩设备为 DL330-5 中深孔凿岩台车，凿上向扇形中深孔，排距 2m，孔底距 2~2.4m。爆破采用导爆管和非电毫秒雷管，复式起爆网路起爆。

矿石运搬：爆破崩下的矿石用电动铲运机搬运并卸入溜矿井。盘区两侧离溜井较远处矿石，则由柴油铲运机搬运并卸入溜矿井。

采场通风：采场通风是利用盘区斜坡道进新鲜风流，经分段联络道（出矿横巷）、分段平巷流向采掘工作面，在工作面布置局扇辅助通风。污浊空气经采空区或废弃溜井，排入上阶段运输平巷，再经回风井排出地表。

E 充填

中段的第一个分段回采结束后，浇注人工假底，高度 6m，用水泥：粉煤灰：磷石膏为 1：1：4 的胶结充填体充填。其他分段充填分为下部一般胶结充填和上部浇面胶结充填，分段充填高度 10m，上部浇面胶结充填高度 1m，用水泥：粉煤灰：磷石膏为 1：1：4 的胶结充填体充填，充填料浆浓度 55%~62%。下部一般胶结充填高度 9m，用水泥：粉煤灰：磷石膏为 1：1：8 的胶结充填体充填，并尽可能将掘进废石用于分层下部一般胶结充填，以减少提升出地表的废石量。充填前在分段联络道内安装挡墙，封闭充填分层，充填管通过充填管线井连接到充填分层。

F 顶板管理

矿房回采结束后对采空区进行磷石膏胶结充填，有效地支撑和控制地压。

20.3.3.4 设备数量

根据矿山生产规模，全矿主要采掘设备配置见表 20-3。

表 20-3 主要采掘设备配置

序号	设备名称及型号	数量/台
1	DD310-40 浅孔凿岩台车	5
2	DL330-5 中深孔凿岩台车	2

序号	设备名称及型号	数量/台
3	DS410 锚杆台车	4
4	LH514E 电动铲运机	7
5	LH514 柴油铲运机	3
6	LH307 柴油铲运机	2
7	装药台车	2
8	喷浆台车	1
9	天井钻机	1
10	锚索台车	1
11	工程服务车	1
12	BTI 液压碎石台车	4
13	JK55-1No5 局扇	72
14	充填泵	2

20.3.3.5　充填材料及充填系统

A　充填材料选择

选用磷石膏作为充填料,磷石膏考虑在磷石膏堆场制浆后通过管道输送到充填站磷石膏池里。

B　充填方案及系统

采用自流输送充填料的充填系统,当充填倍线超过可以自流输送允许的倍线时采用充填泵输送。

充填设施主要包括地面充填搅拌站、输送管路等设施,充填料浆在地面制备站制成符合充填工艺要求的充填料浆后,通过充填管路自流输送至井下,再经充填平巷以及穿脉巷道充填采空区。

充填泄水、泥沙从采场排出后,先排入出矿巷道内的沉淀坑,并在采区巷道的适当位置设置沉淀坑,将较粗的泥沙沉淀,清水排入井下水仓,通过排水泵及排泥设施排出地表。

20.4　选矿情况

矿山生产矿石未经选矿处理,以原矿销售。

20.5　矿产资源综合利用情况

开磷马路坪矿段主矿产为磷矿,磷矿石中伴生有用元素有碘、氟,矿产资源综合利用率 76.03%。

废石集中堆存在废石场,截至 2013 年年底,废石场累计堆存废石 314 万吨,2013 年排放量为 75 万吨。废石利用率为 48%,处置率为 100%。

21 开磷沙坝土矿段

21.1 矿山基本情况

开磷沙坝土矿段为地下开采的大型矿山，共伴生有用元素主要有碘、氟。矿山始建于1989年11月，1997年11月投产。矿区位于贵州省贵阳市开阳县，直距开阳县城14km，矿区有铁路专用线31km在小寨坝与川黔线相接，公路可通往贵阳、开阳、息烽及遵义等市县，交通较为方便。矿山开发利用简表详见表21-1。

表 21-1 开磷沙坝土矿段开发利用简表

基本情况	矿山名称	开磷沙坝土矿段	地理位置	贵州省贵阳市开阳县
	矿床工业类型	浅滨海式沉积磷块岩矿床		
地质资源	开采矿种	磷矿	地质储量/万吨	10028.97
	矿石工业类型	硅钙（镁）质磷块岩矿石	地质品位/%	32.84
开采情况	矿山规模/万吨·年⁻¹	240（大型）	开采方式	地下开采
	开拓方式	平硐—斜井联合开拓	主要采矿方法	充填采矿法
	采出矿石量/万吨	165.78	出矿品位/%	31.97
	废石产生量/万吨	42	开采回采率/%	74.65
	贫化率/%	4.27	开采深度（标高）/m	900~400
	掘采比/米·万吨⁻¹	73		
综合利用情况	综合利用率/%	68.18	废石利用率/%	100
	废水利用率/%	30	废石处置方式	充填井下和堆存

21.2 地质资源

21.2.1 矿床地质特征

开磷沙坝土矿段矿床类型为浅滨海式沉积磷块岩矿床，磷矿石工业类型为硅钙（镁）质磷块岩矿石。沙坝土矿段范围内原生沉积磷块岩有两层，分别为赋存于震旦系下统陡山沱组磷块岩（俗称下磷矿）和寒武系下统牛蹄塘组磷块岩（俗称上磷矿），上磷矿层厚度变化大，呈透镜状展布，矿层厚0.36~1.47m，品位变化大（12.19%~26.58%），不具工业利用价值，沙坝土矿段主要开采下磷矿矿层。

下磷矿矿层呈层状产出，其产状与地层产状一致。矿床规模南北长5500m，东西宽

900～1400m，面积约 6.80km²，属大型磷块岩矿床。

沙坝土矿段磷块岩总体为东倾的单倾斜矿层，倾角一般 10°～55°。沿走向和倾向产出稳定，形态变化小，矿层露头总体延伸方向南北向。

沙坝土矿段磷矿层厚度最大为 10.74m，最小厚度为 1.08m，平均厚度 4.99m。P₂O₅是矿层中主要有益组分，在整个矿段磷矿层中 P₂O₅ 含量为 25.86%～35.84%，平均含量为 32.84%。

沙坝土矿段磷矿磷块岩为晚震旦世陡山沱期海相沉积磷块岩，矿石矿物以碳氟磷灰石居多，构成单磷酸盐胶磷矿，其余碳磷灰岩、磷灰石极少。矿石常呈深灰、灰、灰褐色，具条带状、致密块状和碎屑状等构造，因此，自然类型可分为条带状磷块岩，致密块状磷块岩和碎屑状磷块岩。根据矿石中矿石矿物和脉石矿物各化学组分所占比例的不同，经计算，矿石中碳酸盐类矿物含量为 66%，硅酸盐矿物含量 34%；CaO 含量为 46.99%，P₂O₅含量为 32.84%，CaO 与 P₂O₅ 含量比值为 1.43，因此，矿石的工业类型为硅钙（镁）质磷块岩矿石。

21.2.2　资源储量

开磷沙坝土矿段区内矿石工业类型为磷块岩，矿山矿石矿物成分单一，以低碳氟磷灰石为主，次为碳磷灰石，磷灰石，低碳氟磷灰石在磷块岩中占 66%～90%。磷矿矿石中伴生有用元素有碘、氟，其中碘含量 0.0016%～0.0086%，平均为 0.0039%，氟含量 1.48%～3.65%，平均含量 3.11%。目前，矿山累计查明磷矿石总量 10028.97 万吨，平均品位 32.84%。

21.3　开采情况

21.3.1　矿山采矿基本情况

开磷沙坝土矿段为地下开采的矿山，采用平硐—斜井联合开拓，使用的采矿方法为充填采矿法。矿山设计年生产能力 240 万吨，设计开采回采率为 90%，设计贫化率为 5%，设计出矿品位（P₂O₅）为 30.88%，磷矿最低工业品位（P₂O₅）为 15%。

21.3.2　矿山实际生产情况

2013 年，矿山实际出矿量 165.78 万吨，排出废石 42 万吨。矿山开采深度为 900～400m 标高。具体生产指标见表 21-2。

表 21-2　矿山实际生产情况

采矿量/万吨	开采回采率/%	出矿品位/%	贫化率/%	掘采比/米·万吨⁻¹
165.78	74.65	31.97	4.27	73

21.3.3　采矿技术

21.3.3.1　拓运输系统

矿石提升系统。沙坝土矿 400m 标高以上采用胶带提升矿石和废石，胶带斜井有两条，

1 号胶带从地表到 550m 标高，2 号胶带斜井从 550m 到 365m 标高与 1 号胶带搭接。

中段高度定为 80m，共划为 700m、640m、560m、480m、400m 5 个中段开采。

中段运输采用汽车运输方案，并在 700m 中段实施。

每个中段布置胶带和两个中段集中在下中段布置胶带，上中段的中段巷道作为无轨设备通道两种中段胶带布置方案。

井下废石分别通过胶带斜井和回风斜井提升到地表后，进到地表废石仓，用汽车转运到地表废石场堆存。

通风系统现状：矿山目前已基本建成两翼进风、中央回风的对角压入式通风系统。凡不能利用全矿井贯穿风流通风的独头工作面，均采用局扇通风，全矿配有局扇 48 台。

在沙坝土矿 560m 中段和 400m 中段布置排水系统，480m 中段不设排水系统。

21.3.3.2　采矿方法采用脉外采准充填法

回采顺序。采取沿矿体倾向各中段从上往下，沿走向从两翼向中央退采的顺序。盘区内沿倾向从下往上开采；沿走向从盘区两翼向中央退采。

回采工艺。中段高 60～80m，分段高度根据矿体倾角而定，保证分段斜长在 20m 左右，以尽量减少底板残留矿石和满足深孔凿岩台车作业要求。矿体沿走向长 400～600m 划分一个盘区。每个盘区设一条盘区斜坡道，一条矿石溜井和一条废石溜井。矿房宽 20m，无房间矿柱。

脉外采准工程。每个盘区设矿石和废石溜井各一条。溜井布置在顶板围岩中，离矿体最小水平距离为 15m，倾角为 55°，净直径为 3m，250mm 素砼支护，掘进断面 9.62m^2。溜井下部设振动放矿机。在盘区中央矿体顶板开掘一条盘区斜坡道，按满足各种无轨设备的行驶要求考虑，掘进断面为 15.15m^2，一般不支护，遇破碎地段喷锚网支护或喷锚网加锚索支护。直线段坡度为 14%，弯道段坡度为 10%，转弯半径为 12m。分段联络道（出矿横巷）掘进断面为 15.15m^2，一般不支护，遇破碎地段喷锚网支护或喷锚网加锚索支护。脉外分段平巷布置于顶板围岩中，距离矿体为 15m，掘进断面为 15.15m^2，不支护或喷锚网支护。出矿进路垂直于分段平巷布置于顶板围岩中，掘进断面 15.15m^2，锚网支护。每个盘区矿体上盘设充填管道井和充填废石井各一条，直径 2m，不支护。

脉内采准、切割工程。出矿进路达矿体后，于脉内靠矿体顶板布置沿脉凿岩巷，掘进断面为 15.15m^2，锚网支护。沿走向每隔 20m 在矿房中央靠顶板脉内布置一条切割上山，倾角与矿层一致。断面 3m×2.8m，掘进断面 8.4m^2，采用锚网支护。

回采作业分两步完成。第一步，以平行于切割上山的深孔爆破把 3m 宽的切割上山加深至矿体底板，形成切割槽。第二步，矿房回采，即把已开掘取底的切割上山两侧的矿体用深孔爆破直至矿房边界。水平回采顺序是从盘区两侧向中央后退式回采，倾向上回采顺序是从下往上回采，矿房回采结束后对采空区进行嗣后磷石膏胶结充填。

凿岩爆破：凿岩设备为 DL330-5 中深孔凿岩台车，凿上向扇形中深孔，排距 2m，孔底距 2～2.4m。爆破采用导爆管和非电毫秒雷管，复式起爆网路起爆。

矿石运搬：爆破崩下的矿石用电动铲运机搬运并卸入溜矿井。盘区两侧离溜井较远处矿石，则由柴油铲运机搬运并卸入溜矿井。

采场通风：采场通风是利用盘区斜坡道进新鲜风流，经分段联络道（出矿横巷）、分段平巷流向采掘工作面，在工作面布置局扇辅助通风。污浊空气经采空区或废弃溜井、排入上阶段运输平巷，再经回风井排出地表。

中段的第一个分段回采结束后，浇注人工假底，高度 6m，用水泥：粉煤灰：磷石膏为 1：1：4 的胶结充填体充填。其他分段充填分为下部一般胶结充填和上部浇面胶结充填，分段充填高度 10m，上部浇面胶结充填高度 1m，用水泥：粉煤灰：磷石膏为 1：1：4 的胶结充填体充填，充填料浆浓度 55%~62%。下部一般胶结充填高度 9m，用水泥：粉煤灰：磷石膏为 1：1：8 的胶结充填体充填，并尽可能将掘进废石用于分层下部一般胶结充填，以减少提升出地表的废石量。充填前在分段联络道内安装挡墙，封闭充填分层，充填管通过充填管线井连接到充填分层。

矿房回采结束后对采空区进行磷石膏胶结充填，有效地支撑和控制地压。

21.3.3.3　主要采掘设备

全矿主要采掘设备配置见表 21-3。

表 21-3　主要采掘设备配置

序号	设备名称	设备型号	数量/台
1	浅孔凿岩台车	DD310-40	5
2	中深孔凿岩台车	DL330-5	2
3	锚杆台车	DS410	4
4	电动铲运机	LH514E	6
5	柴油铲运机	LH514	4
6	柴油铲运机	LH307	5
7	装药台车		1
8	喷浆台车		1
9	天井钻机		1
10	锚索台车		1
11	工程服务车		1
12	液压碎石台车	BTI	1
13	局扇	JK55-1No5	48
14	充填泵		1

21.3.3.4　充填材料及充填系统

（1）充填材料选用磷石膏作为充填料，磷石膏考虑在磷石膏堆场制浆后通过管道输送到充填站磷石膏池里。

（2）充填方案及系统。采用自流输送充填料的充填系统，当充填倍线超过可以自流输送允许的倍线时采用充填泵输送。

充填设施主要包括地面充填搅拌站、输送管路等设施，充填料浆在地面制备站制成符合充填工艺要求的充填料浆后，通过充填管路自流输送至井下，再经充填平巷以及穿脉巷道充填采空区。

充填泄水、泥砂从采场排出后，先排入出矿巷道内的沉淀坑，并在采区巷道的适当位置设置沉淀坑，将较粗的泥砂沉淀，清水排入坑内水仓，通过排水泵及排泥设施排出地表。

21.4　选矿情况

矿山生产矿石未经选矿处理，以原矿销售。

21.5　矿产资源综合利用情况

开磷沙坝土矿段主矿产为磷矿，磷矿石中伴生有用元素有碘、氟，矿产资源综合利用率68.18%。

废石集中堆存在废石场，截至2013年年底，废石场累计堆存废石188万吨，2013年排放量为42万吨。废石利用率为100%，处置率为100%。

22　开磷用沙坝矿段

22.1　矿山基本情况

开磷用沙坝矿段为地下开采的大型矿山，共伴生有用元素主要有碘、氟。矿山始建于1983 年 8 月，1989 年 11 月投产。矿区位于贵州省贵阳市开阳县，直距开阳县城 17km，矿区有铁路专用线 32km 在小寨坝与川黔线相接，公路可通往贵阳、开阳、息烽及遵义等市县，交通较为方便。矿山开发利用简表详见表 22-1。

表 22-1　开磷用沙坝矿段开发利用简表

基本情况	矿山名称	开磷用沙坝矿段	地理位置	贵州省贵阳市开阳县
	矿床工业类型	浅-滨海式沉积磷块岩矿床		
地质资源	开采矿种	磷矿	地质储量/万吨	6545.52
	矿石工业类型	硅钙（镁）质磷块岩矿石	地质品位/%	36.13
开采情况	矿山规模/万吨·年$^{-1}$	110（大型）	开采方式	地下开采
	开拓方式	平硐—斜井联合开拓	主要采矿方法	充填采矿法
	采出矿石量/万吨	211.35	出矿品位/%	33.21
	废石产生量/万吨	124	开采回采率/%	85.25
	贫化率/%	4.98	开采深度（标高）/m	1350~700
	掘采比/米·万吨$^{-1}$	100		
综合利用情况	综合利用率/%	77.45	废石利用率/%	30.65
	废石排放强度/t·t^{-1}	0.59	废石处置方式	充填井下和堆存
	废水利用率/%	20		

22.2　地质资源

22.2.1　矿床地质特征

开磷用沙坝矿段矿床类型为浅滨海式沉积磷块岩矿床，磷矿石工业类型为磷块岩矿石。用沙坝矿段矿区出露地层有南华系上统南沱组（Nh_2n），震旦系下统陡山沱组（Z_1d）、上统灯影组（Z_2dn）、寒武系下统牛蹄塘组（ε_1n）、明心寺组（ε_1m）、金顶山组（ε_1j）及第四系（Q）。用沙坝矿段范围内原生沉积磷块岩有两层，分别为赋存于震旦系下统陡山沱组磷块岩（俗称"下磷矿"）和寒武系下统牛蹄塘组磷块岩（俗称"上磷矿"），其中"上磷矿"产于牛蹄塘组底部，不具工业利用价值；用沙坝矿段的主要开采矿层为"下磷矿"。

用沙坝矿段南北长 4km，东西宽 1.5km，面积约 4km²，属大型磷块岩矿床。矿段磷块岩呈稳定层状赋存于震旦系下统陡山沱组中上部含磷岩系中，其产状与地层一致。矿段矿层厚度及品位较稳定，且厚度大，品位高。一般厚度 3~8m，平均厚度 4.79m；品位一般为 35%~38%，平均品位为 36.13%。

矿段内磷矿层厚度变化的总趋势由浅部向深部（即由东向西）逐渐变薄，甚至尖灭，并在矿区南部出现一无矿天窗。品位变化则无明显规律。

原生磷酸盐沉积形成的是单一的一层磷块岩，成岩后磷块岩受构造运动影响，西部被五条断层错切，推移成 6 个不连续矿块，本次核实根据勘探线编号由南向北编为 I -1、I -2、I -3、I -4、I -5、I -6 矿块，东部的 II、III 矿块已开采完毕。厚度与品位变化无函数关系，厚度变化主要受古地理及顶底板侵蚀控制。

用沙坝矿段矿石自然类型为晚震旦世陡山沱期海相沉积磷块岩，矿石矿物以碳氟磷灰石居多，构成单磷酸盐胶磷矿，其余碳磷灰岩、磷灰石极少。矿石常呈深灰、灰、灰褐色，具条带状、致密块状和碎屑状等构造，因此，自然类型可分为条带状磷块岩，致密块状磷块岩和碎屑状磷块岩。矿石中碳酸盐类矿物含量为 62%，硅酸盐矿物含量 38%；CaO 为 51.25%，P_2O_5 为 37.17%，CaO 与 P_2O_5 含量比值小于 1.4，因此，矿石的工业类型为硅钙（镁）质磷块岩矿石。磷块岩中主要矿石矿物为碳氟磷灰石，其主要化学成分为 P_2O_5 和 CaO，P_2O_5 一般含量 35.16%~38.10%，CaO 含量一般为 43.15%~52.55%，两者共占矿物化学组分含量的 78.31%~90.65%。其他如 F、Mg、R_2O_3（Al_2O_3+Fe_2O_3）、SiO_2、I 等约占总量的 9.35%~21.69%。

22.2.2　资源储量

开磷用沙坝矿段区内矿石工业类型为硅钙（镁）质磷块岩矿石，磷矿石中伴生有用元素有碘、氟，其中碘含量 0.0016%~0.0086%，平均含量 0.0039%，氟含量 2.87%~3.96%，平均含量 3.64%。截至目前，矿山累计查明磷矿石总量 6545.52 万吨，平均品位 36.13；碘保有资源量 1279 吨，平均品位 0.0039%；氟保有资源量 1193445 吨，平均品位 3.64%。

22.3　开采情况

22.3.1　矿山采矿基本情况

开磷用沙坝矿段为地下开采的大型矿山，采用平硐—斜井联合开拓，使用的采矿方法为充填采矿法。矿山设计生产能力 110 万吨/年，设计开采回采率为 90%，设计贫化率为 5%，设计出矿品位（P_2O_5）为 34.35%，磷矿最低工业品位（P_2O_5）为 15%。

22.3.2　矿山实际生产情况

2013 年，矿山实际出矿量 211.35 万吨，排出废石 124 万吨。矿山开采深度为 1350~700m 标高。具体生产指标见表 22-2。

表 22-2   矿山实际生产情况

采矿量/万吨	开采回采率/%	出矿品位/%	贫化率/%	掘采比/米·万吨⁻¹
211.35	85.25	33.21	4.98	100

22.3.3   采矿技术

目前，矿山采用地下开采方式，平硐，斜井开拓，采用脉外采准充填法开采。主要采矿工艺如下。

22.3.3.1   矿块构成要素

中段高 60~80m。分段高度根据矿体倾角而定，保证分段斜长在 20m 左右，以尽量减少底板残留矿石和满足深孔凿岩台车作业要求。按矿体平均倾角 28° 考虑，分段高度为 10m，当矿体倾角大于 40° 时将分段高度加大到 12m。

矿体沿走向长 400~600m 划分一个盘区。每个盘区设一条盘区斜坡道，一条矿石溜井和一条废石溜井。

矿房宽 20m，无房间矿柱。

22.3.3.2   采准切割工作

A   脉外采准工程

溜井：每个盘区设矿石和废石溜井各一条。溜井布置在顶板围岩中，离矿体最小水平距离 15m，倾角 55°，净直径 3m，250mm 素砼支护，掘进断面 9.62m²。溜井下部设振动放矿机。

盘区斜坡道：在盘区中央矿体顶板开掘一条，按满足各种无轨设备的行驶要求考虑，掘进断面 15.15m²，一般不支护，遇破碎地段喷锚网支护或喷锚网加锚索支护。直线段坡度 14%，弯道段坡度 10%，转弯半径 12m。

分段联络道（出矿横巷）：掘进断面 15.15m²，一般不支护，遇破碎地段喷锚网支护或喷锚网加锚索支护。

脉外分段平巷：分段平巷布置于顶板围岩中，距离矿体 15m，掘进断面 15.15m²，不支护或喷锚网支护。

出矿进路：垂直于分段平巷布置于顶板围岩中，掘进断面 15.15m²，锚网支护。

充填井：每个盘区矿体上盘设充填管道井和充填废石井各一条，直径 2m，不支护。

B   脉内采准、切割工程

沿脉凿岩巷：出矿进路达矿体后，于脉内靠矿体顶板布置沿脉凿岩巷，掘进断面 15.15m²，锚网支护。

切割上山：沿走向每隔 20m 在矿房中央靠顶板脉内布置一条切割上山，倾角与矿层一致。断面 3m×2.8m，掘进断面 8.4m²。采用锚网支护。

22.3.3.3   回采工作

（1）回采作业分两步完成。第一步，以平行于切割上山的深孔爆破把 3m 宽的切割上山加深至矿体底板，形成切割槽。第二步，矿房回采，即把已开掘取底的切割上山两侧的矿体用深孔爆破直至矿房边界。水平回采顺序是从盘区两侧向中央后退式回采，倾向上回采顺序是从下往上回采，矿房回采结束后对采空区进行嗣后磷石膏胶结充填。

（2）凿岩爆破。凿岩设备为DL330-5中深孔凿岩台车，凿上向扇形中深孔，排距2m，孔底距2~2.4m。爆破采用导爆管和非电毫秒雷管，复式起爆网路起爆。

（3）矿石运搬。爆破崩下的矿石用电动铲运机搬运并卸入溜矿井。盘区两侧离溜井较远处矿石，则由柴油铲运机搬运并卸入溜矿井。

（4）采场通风。采场通风是利用盘区斜坡道进新鲜风流，经分段联络道（出矿横巷）、分段平巷流向采掘工作面，在工作面布置局扇辅助通风。污浊空气经采空区或废弃溜井、排入上阶段运输平巷，再经回风井排出地表。

22.3.3.4 充填

中段的第一个分段回采结束后，浇注人工假底，高度6m，用水泥∶粉煤灰∶磷石膏为1∶1∶4的胶结充填体充填。其他分段充填分为下部一般胶结充填和上部浇面胶结充填，分段充填高度10m，上部浇面胶结充填高度1m，用水泥∶粉煤灰∶磷石膏为1∶1∶4的胶结充填体充填，充填料浆浓度55%~62%。下部一般胶结充填高度9m，用水泥∶粉煤灰∶磷石膏为1∶1∶8的胶结充填体充填，并尽可能将掘进废石用于分层下部一般胶结充填，以减少提升出地表的废石量。充填前在分段联络道内安装挡墙，封闭充填分层，充填管通过充填管线井连接到充填分层。

22.3.3.5 顶板管理

矿房回采结束后对采空区进行磷石膏胶结充填，有效地支撑和控制地压。

矿山采矿主要设备详见表22-3。

表22-3 矿山采矿主要设备

序号	设备名称	型号	数量/台
1	浅孔凿岩台车	DD310-40	3
2	中深孔凿岩台车	DL330-5	1
3	锚杆台车	DS410	2
4	电动铲运机	LH514E	3
5	柴油铲运机	LH514	2
6	柴油铲运机	LH307	4
7	装药台车		1
8	喷浆台车		1
9	天井钻机		1
10	锚索台车		1
11	工程服务车		1
12	液压碎石台车	BTI	1
13	局扇	JK55-1No5	48
14	充填泵		1

22.4　选矿情况

矿山生产矿石未经选矿处理，以原矿销售。

22.5　矿产资源综合利用情况

开磷用沙坝矿段主矿产为磷矿，磷矿石中伴生有用元素有碘、氟，矿产资源综合利用率 77.45%。

废石集中堆存在废石场，截至 2013 年年底，废石场累计堆存废石 480 万吨，2013 年排放量为 124 万吨。废石利用率为 30.65%，处置率为 100%。

23 昆阳磷矿

23.1 矿山基本情况

昆阳磷矿为露天开采磷矿的大型矿山，无共伴生矿产。矿山始建于 1965 年 12 月 20 日，同年投产，是首批国家级绿色矿山试点单位。矿区位于云南省昆明市晋宁县，距昆阳县城 15km，距昆明 40km，昆玉公路、昆洛公路、中宝磷路穿境而过，交通十分便利。矿山开发利用简表详见表 23-1。

表 23-1 昆阳磷矿开发利用简表

	矿山名称	昆阳磷矿	地理位置	云南省昆明市晋宁县
基本情况	矿山特征	首批国家级绿色矿山试点单位	矿床工业类型	沉积磷块岩矿床
地质资源	开采矿种	磷矿	地质储量/万吨	8392.7
	矿石工业类型	硅质磷块岩矿石	地质品位/%	27.09
开采情况	矿山规模/万吨·年⁻¹	300（大型）	开采方式	露天开采
	开拓方式	公路运输开拓	主要采矿方法	组合台阶采矿法
	采出矿石量/万吨	312.04	出矿品位/%	27
	废石产生量/万吨	3123.38	开采回采率/%	97.39
	贫化率/%	0.33	开采深度(标高)/m	2350~1620
	剥采比/t·t⁻¹	10		
选矿情况	选矿厂规模/万吨·年⁻¹	擦洗厂：130 浮选厂：450	选矿回收率/%	晋宁系列：92.76 昆阳系列：84.28 擦洗：95.83
	主要选矿方法	晋宁系列：三段一闭路破碎—两段一闭路磨矿—正反浮选 昆阳系列：三段一闭路破碎—两段一闭路磨矿—反浮选		
	入选矿石量/万吨	晋宁系列：127.34 昆阳系列：118.72	原矿品位/%	晋宁系列：25.07 昆阳系列：22.23
	精矿产量/万吨	晋宁系列：81.93 昆阳系列：76.38	精矿品位/%	晋宁系列：36.14 昆阳系列：29.12
	尾矿产生量/万吨	晋宁系列：45.41 昆阳系列：42.34	尾矿品位/%	晋宁系列：5.09 昆阳系列：9.80
综合利用情况	综合利用率/%	91.88	废水利用率/%	48.16
	废石排放强度/t·t⁻¹	19.75	废石处置方式	排土场堆存
	尾矿排放强度/t·t⁻¹	0.68	尾矿处置方式	尾矿库堆存
	废石利用率/%	0	尾矿利用率/%	0

23.2　地质资源

23.2.1　矿床地质特征

昆阳磷矿的矿石工业类型为硅质磷块岩矿石，矿床工业类型为沉积磷块岩矿床，为单一矿产，地质品位（P_2O_5）为 27.09%。矿体上矿层的矿体走向长度为 5600m，倾角 13°，矿体厚度 6.18m，矿体赋存深度 151m；矿体下矿层的矿体走向长度为 5600m，倾角 13°，矿体厚度 3.25m，矿体赋存深度 158m，两矿体均属中等稳固矿岩，围岩为稳固矿岩，矿床水文地质条件中等。

23.2.2　资源储量

昆阳磷矿为单一矿产，无共伴生矿产。截至目前，矿山累计查明资源储量 8392.7 万吨，平均品位为 27.09%。

23.3　开采情况

23.3.1　矿山采矿基本情况

昆阳磷矿为露天开采的大型矿山，采用公路运输开拓，使用的采矿方法为组合台阶采矿法。矿山设计年生产能力 300 万吨，设计开采回采率为 95%，设计贫化率为 3%，设计出矿品位（P_2O_5）为 27.55%，磷矿最低工业品位（P_2O_5）为 15%。

23.3.2　矿山实际生产情况

2013 年，矿山实际出矿量 303.88 万吨，排出废石 3123.38 万吨。矿山开采深度为 2350~1620m 标高。具体生产指标见表 23-2。

表 23-2　矿山实际生产情况

采矿量/万吨	开采回采率/%	出矿品位/%	贫化率/%	露天剥采比/$t \cdot t^{-1}$
312.04	97.39	27	0.33	10

23.3.3　采矿技术

23.3.3.1　开拓系统

A　矿山开拓运输

矿山为"山坡+凹陷露天"开采，整个露天采场共有 6 个凹陷露天部分，采用汽车运输，直进、折返式公路开拓。擦洗用矿和浮选用矿分别运至擦洗厂和浮选厂，废石排放到采空区排放，矿石和废石的平均运距为 2km 和 2.55km。

露天开采采用场外直进式公路开拓方式，场内采用折返式公路开拓方式。每 1~2 个台阶设 1 条场外固定线路，分别由采场通达排土场及场外矿石运输公路。

运输线路布置参数：

运输线路宽度：单线 10m、双线 14.5m；

最大线路纵坡：$i=8\%$；

最小回头曲线半径：$R=15m$；

缓和坡段长度：$L=30m$。

矿山目前现有载重 39t 级的矿用自卸汽车 A40E 17 辆和 A40D 15 辆。

B　供电

矿山露天开采用电负荷不大，用电负荷约 500kW，主要用电设备为照明及生活、办公区用电等。

C　供水

矿山生产露天开采期间年耗水量 30 万立方米。昆阳磷矿现有供水源地三处，供水方式为生产、生活合一，间断供水。供水条件较好，可满足矿山的生产生活用水。昆阳磷矿矿区现共有 4 台潜水泵取水，4 台潜水泵年最大可供水量 90 万立方米，可满足矿山生产生活的用水需求。

D　排土场

昆阳磷矿为缓倾斜矿体，采完后采空区下盘为矿体底板形态，倾角较缓，且采空区面积较大，具有良好的内排条件。矿山目前开采采用了内排的方式，技改期剥离的废石，运至北部原采空区进行堆放，当露天采场形成了一定面积的采空区时，可进行内排。坑内开采部分的废石可堆放至露天采场采空区内。

内部排土场结构参数。排土场台阶高度 30m；排土场台阶坡面角 32°；排土场排土作业平台最小宽度 40m；排土场采用 2%~5% 的上坡，随采矿工作推进，汽车卸载地点至排土场的上部边缘距离不小于 3m；通往内部排土场公路两侧距排土场边坡不小于 10m；排土场最大排土高度 330m；排土场最终边坡角 19°。

内部排土场工艺。排废顺序与采剥顺序一样，采用自上而下的堆置顺序。废石堆的底线距采矿工作面不得小于 50m，以保证作业安全，减少因降雨产生泥浆造成的矿石贫化。内部排土场采用推土机辅助排废。汽车卸载后，推土机将遗留在工作平台上的废石推向阶段边帮，推土机的工作量为总废石量的 40%~50%。

覆土造地。安排在排土场下部排废石，然后在台阶面之上排 0.5~0.7m 表土或种植土。

23.3.3.2　采剥工作

A　采剥工艺

地表及浅部可直接进行铲挖，深部大部分需进行穿孔爆破。缓倾斜矿体采用缓帮采矿纵向布置工作面，采用"推土机-液压铲-汽车运输"的长壁式采剥工艺，即推土机对覆盖层及矿石进行集堆，然后由液压铲装车。

倾斜矿体采剥工作面采用纵向和横向布置相结合，陡帮和缓帮相配合的采剥方式。上部剥离工作面以陡帮纵向布置为主，下部采矿工作面以缓帮横向布置为主。

采出磷矿矿石分为Ⅰ、Ⅱ、Ⅲ级品，根据擦洗厂和浮选厂对不同矿石入选品位的要求，Ⅰ、Ⅱ、Ⅲ级品矿石必须按一定的比例分别供矿，实行分采分运。

B 采剥工作面

采剥工作面采用纵向布置方式。矿山为"山坡+凹陷露天"开采，采用由上而下的开采顺序。

开段沟布置于矿体顶板，开段沟宽度 20~25m，扩帮后由矿体顶板向底板方向推进。露天采场布置 10 个采剥作业面，采剥作业台阶高度 10m，每个台阶留 10m 宽的安全、清扫平台。

采剥工作面构成要素如下：作业台阶高度 10m、最小工作平台宽度 30~35m、开段沟宽度 20~25m、最小工作线长度 200m。

C 穿爆作业

穿孔设备。矿山可直接铲挖与需实施爆破矿岩比值在 1:9 左右，矿山现有穿孔设备汤 Ranger600 顶锤式钻机 1 台和 DI500 潜孔钻机 2 台。

爆破。采剥作业面采用多排孔微差爆破，非电微差起爆系统起爆。每个作业面每周爆破 1 次，采矿每周爆破 3~4 次，矿山爆破作业委托当地民爆队负责实施。多排孔微差爆破，孔间距 6.5m，超深 1.65m，钻孔深度 11.65m；非电微差起爆系统起爆，每个作业面每周爆破 1 次，矿山爆破作业委托当地民爆队负责实施。

三角带处理及边坡预裂爆破。为减少开采的损失和贫化率，在矿体倾角较缓的前后三角地带，采用降低作业台阶高度的推进方式处理；在台阶终了位置一律使用预裂爆破法靠帮，以尽量减轻对最终边坡的破坏。

二次破碎。配置液压碎石机+小型挖机对大块矿岩进行破碎。

铲装作业。矿山目前主要用于采剥作业的铲装设备有 $2m^3$ 液压铲、$6m^3$ 液压铲。矿山 $2m^3$ 级挖机用于铲挖矿石，$6m^3$ 挖机用于铲挖废石。

D 辅助作业及设备

矿山现有 CATD8R 推土机 1 台，D85 推土机 2 台。配置 $3m^3$XG955 型轮式装载机 5 台，完成矿体三角带的清理、装载及场地平整、辅助装载等作业。露天采场已配置 4 辆洒水车用于洒水除尘。矿山现有设备明细表见表 23-3。

表 23-3 矿山现有设备

序号	设 备 名 称	型 号	数量/台
1	推土机	PC400-7	2
2	推土机	PC1250	5
3	顶锤式钻机	Ranger600	1
4	潜孔钻机	DI500	2
5	自卸卡车	A40D	15
6	自卸卡车	A40E	17

序号	设 备 名 称	型　　号	数量/台
7	推土机	CATD8R	1
8	推土机	D85	2
9	洒水车		4

23.4　选矿情况

23.4.1　选矿厂概况

　　该矿山选矿厂有昆阳擦洗厂和 450 万吨/年浮选厂，擦洗厂设计年选矿能力为 130 万吨，设计主矿种入选品位为 27.5%，选矿方法为擦洗脱泥，选矿产品为磷精矿，精矿 P_2O_5 品位为 28%。450 万吨/年浮选厂设计年选矿能力为 450 万吨，设计入选品位：晋宁系列为 20.5%，昆阳系列为 24.75%，选矿方法：晋宁系列为正-反浮选，昆阳系列为单一反浮选。选矿产品为磷精矿，精矿 P_2O_5 品位为 28%。该矿山 2014 年选矿情况见表 23-4。

表 23-4　2014 年昆阳磷矿选矿情况

选矿石量/万吨	入选品位 P_2O_5 /%	选矿回收率 /%	原矿选矿耗水量 /t·t^{-1}	原矿选矿耗新水量 /t·t^{-1}	原矿选矿耗电量 /kW·h·t^{-1}	原矿磨矿介质损耗 /kg·t^{-1}	产率 /%
晋宁系列 127.34	25.07	92.76	3.33	1.39	44.39	0.32	64.34
昆阳系列 118.72	22.23	84.28					

23.4.2　选矿工艺流程

　　原矿粗碎后经给矿机运送至螺旋洗矿机进行擦洗脱泥。洗矿机细泥部分再经过两段水力旋流器分级脱泥后得到 -0.019mm 的尾矿。洗矿机块矿部分进入筛子筛分，-1mm 产品返回力旋流器脱泥，+60mm 部分进入锤式破碎机经过破碎后得到块精矿，块精矿的粒度根据需求而定，-60~+1mm 部分连同水力旋流器的沉沙产品一同作为黄磷矿精矿。擦洗工艺流程如图 23-1 所示，浮选工艺流程如图 23-2 所示。擦洗厂主要设备表见表 23-5。

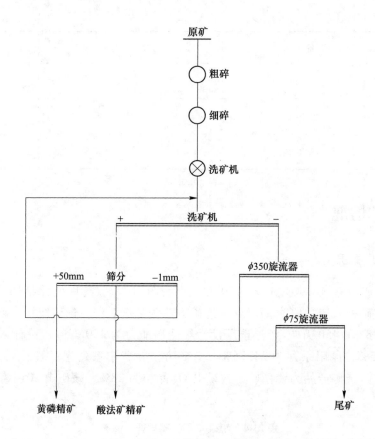

图 23-1　晋宁系列擦洗工艺流程

表 23-5　主要选矿设备

序号	设备名称	规格型号	使用数量/台（套）
1	颚式破碎机	PE750×1060 Ⅱ	1
2	锤式给矿机	1750	1
3	槽式洗矿机	XK2200×8400	3
4	直线筛	2ZKX1548	3
5	Ⅰ段旋流器	φ350	27
6	Ⅱ段旋流器	φ75	108

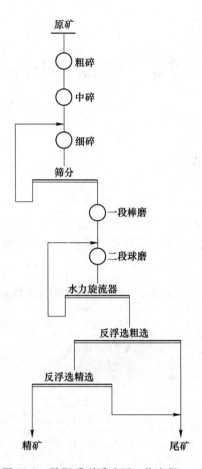

图 23-2 昆阳系列浮选厂工艺流程

23.5 矿产资源综合利用情况

昆阳磷矿为单一磷矿，矿产资源综合利用率 91.88%，晋宁系列尾矿品位 5.09%、昆阳系列尾矿品位 9.80%。

废石集中堆存在废石场，截至 2013 年年底，废石场累计堆存废石 38021 万吨，2013 年排放量为 3123.38 万吨。废石利用率为零，处置率为 100%。

尾矿集中堆存在尾矿库，截至 2013 年年底，尾矿库累计堆存尾矿 71.74 万吨，2013 年排放量为 87.75 万吨。尾矿利用率为零，处置率为 100%。

24　杉树垭磷矿

24.1　矿山基本情况

　　杉树垭磷矿为地下开采的大型矿山，无共伴生矿产。矿山成立于 2006 年 1 月，是第二批国家级绿色矿山试点单位。矿区位于湖北省宜昌市夷陵区，距宜昌市 120km，距昆明 40km，昆玉公路、昆洛公路、中宝磷路穿境而过，区位优势良好，交通便利。矿山开发利用简表详见表 24-1。

表 24-1　杉树垭磷矿开发利用简表

基本情况	矿山名称	杉树垭磷矿	地理位置	湖北省宜昌市夷陵区
	矿山特征	第二批国家级绿色矿山试点单位	矿床工业类型	沉积磷块岩矿床
地质资源	开采矿种	磷矿	地质储量/万吨	11979.4
	矿石工业类型	硅质及硅酸盐型磷矿石	地质品位/%	25.36
开采情况	矿山规模/万吨·年$^{-1}$	150（大型）	开采方式	地下开采
	开拓方式	平硐—斜井联合开拓	主要采矿方法	房柱采矿法
	采出矿石量/万吨	158.47	出矿品位/%	26.05
	废石产生量/万吨	1	开采回采率/%	77.20
	贫化率/%	5.3	开采深度(标高)/m	909~640
	掘采比/米·万吨$^{-1}$	40		
选矿情况	选矿厂规模/万吨·年$^{-1}$	150	选矿回收率/%	70.70
	主要选矿方法	两段一闭路破碎—重介质旋流器分选		
	入选矿石量/万吨	126	原矿品位/%	20.78
	精矿产量/万吨	68.36	精矿产量/%	27.08
	尾矿产生量/万吨	57.64	尾矿品位/%	13.31
综合利用情况	综合利用率/%	54.58	废石处置方式	充填井下
	废石排放强度/t·t^{-1}	0.01	废石利用率/%	300
	尾矿排放强度/t·t^{-1}	0.84		

24.2 地质资源

24.2.1 矿床地质特征

24.2.1.1 地质特征

杉树垭磷矿所处的大地构造位置为扬子准地台鄂中褶断区黄陵背斜北翼。矿段出露的地层主要有寒武系下统牛蹄塘组（1n）、震旦系下统灯影组（Z2dn2）、陡山沱组（Z2d）、中元古界西汊河组（Pt2X），磷矿层产于陡山沱组。陡山沱组自上而下可划分为4个岩性段，即白果园段（Z2d4）、王丰岗段（Z2d3）、胡集段（Z2d2）和樟村坪段（Z2d1）。磷矿层（Ph2、Ph13）和含钾页岩（Z2d12（K））赋存于胡集段（Z2d2）和樟村坪段（Z2d1）地层内，为一套白云岩—磷块岩建造和黑色页岩—磷块岩建造。

杉树垭矿区所在的区域上出现的六个磷（矿）层（Ph1、Ph2、Ph3、Ph4、Ph5、Ph6）。Ph3～Ph6因厚度小、品位低、变化大而不具工业利用价值，工业磷矿层主要赋存于Ph22、Ph21、Ph13。

Ph22是主要工业磷矿层，分布于胡集段下部，呈层状产出。顶板为胡集段下亚段上部灰色薄—中厚层状泥粉晶云岩夹泥质云岩条带，底板为胡集段下亚段下部灰白色厚层含硅磷质团块粉细晶云岩或樟村坪段上亚段浅灰—灰白色厚—巨厚层状粉细晶白云岩。矿体呈层状，分布连续，厚度较稳定，仅在局部出现小范围不可采区。矿体厚为1.27～8.97m，一般为2～4m，平均厚度为3.43m，厚度变化系数40.73%。P_2O_5品位为16.52%～32.98%，平均品位为25.36%，品位变化系数15.83%。Ph22矿层依据矿石自然类型，在矿层结构发育齐全时，具有明显的三分结构，即Ph22-3（上分层）白云岩条带状磷块岩、Ph22-2（中富矿）致密条带状（块状）磷块岩、Ph22-1（下分层）薄层白云岩夹磷块岩。

Ph21矿层为本次勘探新划分出的矿层，赋存在胡集段下部Ph22矿层之下，呈透镜状—似层状产出。顶板为胡集段下亚段下部灰白色厚层含硅磷质团块粉细晶云岩，底板为樟村坪段上亚段浅灰—灰白色厚层状粉细晶白云岩。矿体呈透镜状—似层状，厚度与品位均不稳定。矿层厚0.43～5.97m，平均厚度1.05m，厚度变化系数72.90%。品位（P_2O_5）13.46%～35.78%，平均品位19.62%，品位变化系数25.38%。

Ph13属于次要工业磷矿层，赋存在樟村坪段中亚段上部，呈似层状产出。顶板为樟村坪段上亚段浅灰—灰白色厚—巨厚层含硅磷质团块粉细晶云岩，底板多为深灰—灰黑色含钾页岩，少量为泥质白云岩。已控制工业矿层（体）长度3400m，宽度1600～2300m。矿体埋深0～754m。矿层总体倾向北东，倾角一般为3°～10°，局部地段受构造影响倾向发生改变，倾角略有变陡。矿体呈似层状产出，分布基本连续。矿层厚度为0.33～8.20m，平均厚度为2.99m，厚度变化系数53.80%。P_2O_5品位为12.52%～30.65%，平均品位为18.12%，品位变化系数20.73%。

三个工业矿层与顶、底板围岩大多为突变接触，局部地段为渐变过渡。三个矿层之间均产出有一层分布比较稳定的夹层，夹层岩性为白云岩夹磷块岩条带。

24.2.1.2　矿石质量

A　矿物成分及结构构造

磷块岩的矿物成分由磷酸盐矿物和脉石矿物两大类组成。磷酸盐矿物主要为泥晶磷灰石（胶磷矿）及亮晶磷灰石，泥晶磷灰石含量 50%～93%，亮晶磷灰石含量 1%～5%；脉石矿物主要为白云石、水云母、钾长石、石英和玉髓；次为黄铁矿（风化后为褐铁矿）、钠长石、重晶石，并混入少量的有机质和岩屑等。

磷块岩结构，区内 Ph22 矿层的磷块岩有亮晶粒屑结构、泥晶砂屑结构、交代残余结构、鲕粒结构、粉晶砂屑结构，其中亮晶粒屑结构、泥晶砂屑结构、粉晶砂屑结构较为常见。

Ph13 则以泥晶砂屑结构，（泥）亮晶砂屑结构，泥质砂屑结构，粉晶砂（砾）屑结构为主。

B　矿石自然类型及化学成分

根据磷块岩矿石中磷酸盐矿物和脉石矿物组分、含量及矿石结构、构造特征，本矿段矿石大致划分为三种自然类型：即白云岩条带状磷块岩、致密条带状磷块岩、页岩条带状磷块岩，以前两种矿石类型为主。矿石工业类型属硅质及硅酸盐型。

Ph22 矿层主要工业矿层的矿石化学成分以 CaO、P_2O_5、CO_2、SiO_2、MgO、酸不溶物为主，其次为 F、Al_2O_3、Fe_2O_3、Cl，I、Cd、As 微量分布。

总的来说，Ph22 矿层矿石中 P_2O_5、CaO 的含量普遍较高，富矿石中含量为最高。上、下贫矿 MgO、CO_2 及酸不溶物的含量高于富矿石。F 随 P_2O_5 增加而升高。矿石化学组分差异主要由矿层中所含磷块岩和碳酸盐岩与硅酸盐占比多少，以及其他矿物的种类、数量不同决定。

24.2.2　资源储量

杉树垭矿区磷矿为单一矿产，无共伴生矿产。截至目前，矿区累计查明磷矿资源储量 11979.4 万吨，P_2O_5 品位为 16.52%～32.98%，平均品位为 25.36%。

24.3　开采情况

24.3.1　矿山采矿基本情况

杉树垭磷矿为地下开采的矿山，采用平硐—斜井联合开拓，使用的采矿方法为房柱采矿法。矿山设计年生产能力 150 万吨，设计开采回采率为 75%，设计贫化率为 4.5%，设计出矿品位（P_2O_5）为 25.8%，磷矿最低工业品位（P_2O_5）为 15%。

24.3.2　矿山实际生产情况

2013 年，矿山实际出矿量 158.47 万吨，排出废石 1 万吨。矿山开采深度为 909～640m 标高。具体生产指标见表 24-2。

表 24-2 矿山实际生产情况

采矿量/万吨	开采回采率/%	出矿品位/%	贫化率/%	掘采比/米·万吨$^{-1}$
158.47	77.20	26.05	5.3	40

24.3.3 采矿技术

根据杉树垭矿区矿体的赋存条件，由于要求大规模开采且尽可能地扩大生产能力，便设计采用无轨铲运机出矿的盘区房柱法开采矿山。

矿块沿走向长 100m，沿倾向 100m。

24.3.3.1 采准切割

分段运输平道：沿倾向斜长每 100m 布置一条，掘进断面 14m^2，锚杆支护。

切割上山：垂直分段平巷在每个矿块中央布置一条，长度 92m。掘进断面 14m^2，一般不需支护。

切割平巷：在切割上山顶端往矿块两边，长度 90m，断面 14m^2，一般不需支护。

出风口：在矿块的两端，布置 2 条出风口，每条长 4m，断面 14m^2，一般不需支护。

所有采切巷道均为脉内布置，脉内采准、切割工程掘进均依靠浅孔台车、铲运机完成。

24.3.3.2 回采

在采区内沿矿体倾向从上往下，沿走向从两翼向中央的顺序退采。盘区内从盘区两翼向盘区斜坡道方向退采。

矿块的回采顺序是从切割巷道中央向两端、沿切割上山从上往下退采，首先把脉内切割巷道拓宽到 6~8m 左右，然后每间隔 4m 向矿块倾向推进一个 6~8m 宽的回采条带。沿走向每间隔 6~8m、沿倾向每间隔 6~8m 留下一个 4m×4m 的规则矿柱，沿走向推进 100m 左右后在分段巷道两侧留顶柱 4m、底柱 5m，以利于采场通风和顶板管理。矿块间还要留连续矿柱 5m。采用凿岩台车凿岩，每次推进 2.5~3m，崩下矿石用铲运机装入运矿卡车，由于受采矿高度的限制，汽车不能直接在采场装矿，在切割上山斜长 50m 处的位置挖低底板设立一个装矿点，运矿卡车进入上山装矿点进行装矿，装矿后经脉内斜坡道运至中段运输平巷。

24.3.3.3 回采通风

采场通风利用中段运输巷道进风，新鲜风流经脉内斜坡道到分段巷道，从切割上山流向采掘工作面，污浊风流经采场出风口进入上一水平的分段巷道、脉内斜坡道排入上中段运输平巷，再通过回风井排出地表。在切割上山入口使用局扇加强采场通风。

24.4 选矿情况

24.4.1 选矿厂概况

杉树垭磷矿矿山选矿厂名称为花果树选矿厂设计年选矿能力为 150 万吨，设计 P$_2$O$_5$ 入选品位为 19%~22%，选矿方法为重介质选矿，选用磁铁粉作为介质，介质密度 2.8~

$2.95g/cm^3$。选矿入料粒度为$-15\sim+5mm$，选矿产品为磷精矿。

该矿山 2014 年选矿情况见表 24-3。

表 24-3　花果树选矿厂情况（2014 年）

入选矿石量 /万吨	入选 品位 /%	选矿 回收率 /%	每吨原矿 选矿耗水量 /t	每吨原矿 选矿耗新水量 /t	每吨原矿 选矿耗电量 /kW·h	每吨原矿 磨矿介质损耗 /kg	产率 /%
126	20.78	70.70	0.628	0.003	9.03	2.5	54.25

24.4.2　选矿工艺流程

原矿经过两段一闭路破碎至$-15mm$，破碎产品经过筛分，$-5mm$粒级的产品的P_2O_5品位在 23% 左右，作为中矿销售。$-15\sim+5mm$粒级的产品进入重介质旋流器分选。重介质旋流器精矿和尾矿分别经过筛分脱介得到精矿（P_2O_5品位为 28%）和尾矿（P_2O_5品位为 11% 左右）。脱介筛筛下部分合并后进入磁选机进一步脱介，磁粉回收再利用。选矿工艺流程如图 24-1 所示。

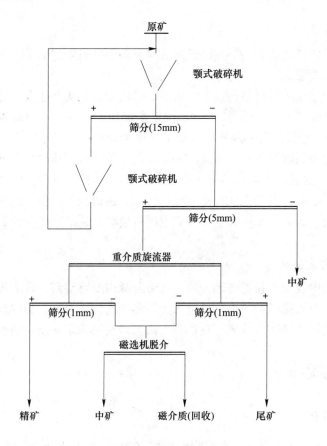

图 24-1　选矿工艺流程

24.5 矿产资源综合利用情况

杉树垭磷矿为单一磷矿，矿产资源综合利用率为 54.58%。

废石集中堆存在废石场，截至 2013 年年底，废石场累计堆存废石 8 万吨，2013 年排放量为 1 万吨。废石利用率为 300%，处置率为 100%。

25　瓮福磷矿

25.1　矿山基本情况

瓮福磷矿为露天开采的大型矿山，共伴生有用元素主要有碘、氟。矿山始建于 1989 年，1991 年投产，是第二批国家级绿色矿山试点单位。矿区位于贵州省黔南州福泉市，至牛场镇 18km，牛场至福泉市区 27km，福泉市区至马场坪镇 10km，马场坪位于国道 G210、G050 贵新高速公路和湘黔铁路交汇处，马场坪火车站是湘黔铁路中心站之一，向西距离贵阳铁路里程 114km，向东距离湖南株洲铁路里程 902km，交通方便。矿山开发利用简表详见表 25-1。

表 25-1　瓮福磷矿开发利用简表

基本情况	矿山名称	瓮福磷矿	地理位置	贵州省黔南州福泉市
	矿山特征	第二批国家级绿色矿山试点单位	矿床工业类型	浅-滨海式沉积磷块岩矿床
地质资源	开采矿种	磷矿	地质储量/万吨	6346
	矿石工业类型	碳酸盐类型白云质磷块岩	地质品位/%	30.57
开采情况	矿山规模/万吨·年$^{-1}$	250（大型）	开采方式	露天开采
	开拓方式	公路汽车运输开拓	主要采矿方法	组合台阶采矿法
	采出矿石量/万吨	393.33	出矿品位/%	27.99
	废石产生量/万吨	1248	开采回采率/%	97.52
	开采深度(标高)/m		1390~1090	
选矿情况	选矿厂规模/万吨·年$^{-1}$	850	选矿回收率/%	92.37
	主要选矿方法		三段开路破碎，一段闭路磨矿，单一浮选	
	入选矿石量/万吨	606.13	原矿品位/%	23.33
	精矿产量/万吨	393.44	精矿品位/%	33.20
	尾矿产生量/万吨	212.69	尾矿品位/%	5.07
综合利用情况	综合利用率/%	77.43	废石排放强度/t·t^{-1}	3.17
	尾矿处置方式	尾矿库堆存	尾矿排放强度/t·t^{-1}	0.54
	废石利用率/%	0	废石处置方式	排土场堆存
	废水利用率/%	90	尾矿利用率/%	0

25.2　地质资源

25.2.1　矿床地质特征

瓮福磷矿矿床工业类型为浅滨海式沉积磷块岩矿床。矿区地层由老至新出露为：清白口系板溪群，南华系上统南沱组及震旦系下统陡山沱组、上统灯影组、寒武系下统牛蹄塘组、明心寺组。其中，含矿地层为陡山沱组，由一套由砾岩、白云岩、硅质岩及磷块岩组成的含磷岩组，工业磷矿层（Z_1ds^4），赋存在陡山沱组上部，其厚度约占陡山沱组的三分之一，矿层由薄层至厚层致密状、团块状、条带状及砂砾状磷块岩组成，向西和向南延伸厚度变薄，有时为含磷块岩团块硅质岩所代替。

矿区范围内共有 3 个矿体，I 矿体和 II 矿体分布于磨坊矿段，III 矿体分布于英坪矿段。

（1）I 矿体：走向长 2.63km，倾向延深 0.15~0.66km，面积 1.09km²。矿体呈层状，产状平缓稳定，倾角 10°~26°，深部向北倾没。矿体埋藏标高 1270~715m，厚度 2.71~17.88m，平均厚度 10.34m，赋存稳定。矿石品位（P_2O_5）15.26%~37.09%，平均品位 24.43%。

（2）II 矿体：走向长 2800m，倾向延深 80~800m，面积 1.06km²。矿体呈层状、单斜产出，产状平缓稳定，倾角 8°~27°，平均 17°。矿体埋藏标高 1073~1313m，厚 1.05~28.53m，平均厚度 9.69m，赋存稳定。矿石品位（P_2O_5）16.02%~38.52%，平均品位 30.13%。

（3）III 矿体：走向长 3800m，倾向延伸 600~1200m。矿体产状与地层产状一致，层状单斜、缓倾，总体走向在平面上呈 S 形变化，倾角西缓 20°~25°、东陡 30°~38°、南缓 25°~30°、北陡 30°~45°。矿体埋藏标高 1420~720m，厚 1.75~26.20m，平均厚度 13.55m，赋存属稳定，矿石品位（P_2O_5）15.18%~38.69%，平均品位 30.74%。

矿石自然类型根据矿石结构、构造等特征可划分为四种，按出露层序由下而上分别为致密状、团块状、砂砾状、条带状磷块岩。

瓮福磷矿的矿石工业类型均属碳酸盐类型白云质磷块岩。矿石矿物主要有胶磷矿、碳氟磷灰石及细晶磷灰石，三者的含量在矿石中占 60%~80%，平均占 65%，磷矿物生成顺序为胶磷矿-碳磷灰石-细晶磷灰石。

矿石结构主要有凝胶结构、砂屑结构、砾屑结构及藻灰结构；矿石构造主要有块状、条带状、层纹状及团块状构造。

25.2.2　资源储量

矿山磷矿石中共伴生有用元素有碘、氟，含量已达综合利用指标，碘主要以离子吸附状态赋存于磷灰石晶体的晶格中。截至目前，矿山累计查明矿石资源量 6346.0 万吨，平均品位 30.57%；伴生碘元素 4300t、氟元素 1821256t；保有矿石资源储量 1073.9 万吨，伴生碘元素 541t、氟元素 307542t。

25.3　选矿情况

25.3.1　选矿厂概况

矿山选矿厂为新龙坝选矿厂，设计年选矿能力为 850 万吨，设计 P_2O_5 入选品位为

23.33%，最大入磨粒度为 20mm，磨矿细度为 -0.074mm 占 70%~80%。选矿方法为反浮选，选矿产品磷精矿品位为 33.20%。

该矿山 2014 年选矿情况见表 25-2。

表 25-2　新龙坝选矿厂情况

入选矿石量 /万吨	入选品位 P_2O_5/%	选矿回收率 /%	原矿选矿耗水量 /t·t^{-1}	原矿选矿耗 新水量 /t·t^{-1}	原矿选矿 耗电量 /kW·h·t^{-1}	原矿磨矿介 质损耗 /kg·t^{-1}
606.13	23.33	92.37	2.27	0.692	27.68	0.204

25.3.2　选矿工艺流程

原矿经过三段开路破碎后进入磨矿系统，磨矿系统有三个系列，采用一段闭路磨矿，设计能力分别为 350 万吨/年、200 万吨/年和 300 万吨/年。350 万吨/年系列主要处理英坪和廊坊两个矿段的矿石，250 万吨/年系列主要处理穿岩洞矿段矿石，200 万吨/年系列主要处理大塘矿段矿石。根据矿石性质的不同，北片区矿石的磨矿细度为 -0.074mm 占 75%，南片区矿石的磨矿细度为 -0.074mm 占 55%~60%。磨矿产品进入浮选作业，浮选采用一次粗选-三次精选-泡沫产品集中再选的反浮选工艺。浮选的 pH 值在 5.5~6。捕收剂采用自主研发的 WF-1，该药剂兼具捕收与起泡双重作用。抑制剂采用自主研发的 WF-S，该药剂具有调整矿浆 pH 值和抑制磷酸盐的作用。选矿原则流程如图 25-1 所示。

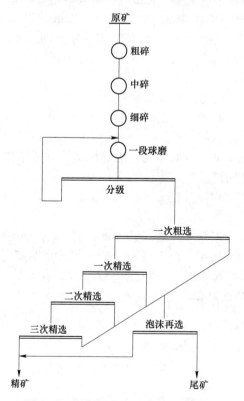

图 25-1　新龙坝选矿厂原则工艺流程

选矿主要设备型号及数量见表 25-3。

表 25-3 选矿主要设备型号及数量

序号	设备名称	规格型号	使用数量/台（套）
1	颚式破碎机	PEJ1500×2100	1
2	颚式破碎机	JC1100	2
3	颚式破碎机	C145	1
4	圆锥破碎机	PYB2200	3
5	圆锥破碎机	CC200S-EC	3
6	球磨机	MQG1520	1
7	球磨机	MQG3660	1
8	球磨机	MQY5887	1
9	球磨机	MQY6298	1
10	浮选机	KCF-16	2
11	高效浓密机	C-50	1
12	高效浓密机	$\phi16m$	2
13	高效浓密机	NXJ-28	2
14	振动筛	2YKR2460H	1
15	中心传动浓缩机	NXZ-35	1
16	离心式鼓风机	C200-1.226/0.866	1

25.4 矿产资源综合利用情况

瓮福磷矿主矿产为磷矿，磷矿石中伴生有用元素有碘、氟，矿产资源综合利用率为 77.43%，尾矿 P_2O_5 为 5.07%。

废石集中堆存在废石场，截至 2013 年年底，废石场累计堆存废石 21043 万吨，2013 年排放量为 1248 万吨。废石利用率为零，处置率为 100%。

尾矿集中堆存在尾矿库，截至 2014 年年底，尾矿库累计堆存尾矿 1282 万吨，2014 年排放量为 212.69 万吨。尾矿利用率为零，处置率为 100%。

第3篇 硫铁矿

LIUTIE KUANG

26　八家子硫铁矿

26.1　矿山基本情况

八家子硫铁矿为地下开采的小型矿山，共伴生矿产主要有铅锌矿、银矿、铜矿、锰矿、铁矿；矿山始建于1958年1月，投产于1969年10月。矿区位于辽宁省葫芦岛市建昌县，南距沈山线绥中站45km，北西距魏塔线建昌站40km，绥中至建昌公路（306线）从矿区内的八家子镇通过，交通较为方便。矿山开发利用简表详见表26-1。

表 26-1　八家子硫铁矿开发利用简表

基本情况	矿山名称	八家子硫铁矿	地理位置	辽宁省葫芦岛市建昌县
	矿床工业类型	中低温热液型矿床		
地质资源	开采矿种	硫铁矿、铅锌矿、银矿	地质储量/万吨	357.22
	矿石工业类型	黄铁矿石	地质品位/%	26.17
开采情况	矿山规模/万吨·年⁻¹	4.95（小型）	开采方式	地下开采
	开拓方式	竖井开拓	主要采矿方法	留矿采矿法
	采出矿石量/万吨	24.1	出矿品位/%	26.38
	废石产生量/万吨	32.9	开采回采率/%	88
	贫化率	0	开采深度(标高)/m	270~-600
	掘采比/米·万吨⁻¹	3045		
选矿情况	选矿厂规模/万吨·年⁻¹	65	选矿回收率/%	S：66.07、Ag：74.93、Cu：86.06、Pb：86.53、Zn：90.57、Fe：71.21、Mn：67.34
	主要选矿方法	三段一闭路破碎，阶段磨矿阶段浮选，优先浮选		
	入选矿石量/万吨	46.22	原矿品位/%	S：7.56、Ag：168g/t、Cu：0.16、Pb：1.41、Zn：1.89、Fe：11.5、Mn：12.2
	硫精矿产量/t	39379.44	精矿品位	S：35%、Ag：143g/t
	铜精矿产量/t	4298.46	精矿品位	Cu：13%、Ag：8068g/t
	铅精矿产量/t	11601.22	精矿品位	Pb：43%、Ag：1108g/t
	锌精矿产量/t	15576.14	精矿品位	Zn：43%、Ag：373g/t
	铁精矿产量/t	30643.86	精矿品位/%	TFe：45
	锰精矿产量/t	92809.76	精矿品位/%	Mn：25
	尾矿产生量/万吨	26.79		

综合利用情况	综合利用率/%	62.01	废水利用率/%	100
	废石排放强度/t·t⁻¹	2.16	废石处置方式	排土场堆存、建材
	尾矿排放强度/t·t⁻¹	1.38	尾矿处置方式	尾矿库堆存、充填
	废石利用率/%	80.15	尾矿利用率/%	8.96

26.2　地质资源

26.2.1　矿床地质特征

26.2.1.1　矿床地质特征

八家子硫铁矿矿床工业类型为中低温热液型矿床，矿石工业类型为黄铁矿石、以银为主的银矿石。矿床水文地质条件属于简单类型。矿山共伴生组分较多，有硫、银、锰、铁、铜、铅、锌。矿区包括东风矿段和红旗矿段，东风矿段共圈定银矿体 2 个（m-1、m-2）；红旗矿段圈定硫铁矿体 4 个（m-3～m-6）。

m-1 为银、锰矿体，矿体赋存标高为 0～-320m，为深部盲矿体。矿体走向近南北，倾向东，倾角 56°。矿体走向长 500m，倾向延伸 350m，平均厚度 4.27m，银平均品位为 337g/t，锰品位为 19.91%，伴生硫品位为 5.68%，伴生铜品位为 0.12%，伴生铁品位为 16.20%。

m-3 为硫铁矿体，矿体赋存标高为 -85～-260m，为深部盲矿体。矿体走向 305°，倾向北东，倾角 55°。矿体走向长 550m，倾向延伸 200m，平均厚度 4.80m，硫平均品位为 27.06%，伴生铜品位为 0.14%，伴生铁品位为 24.39%，伴生银品位为 72g/t。

m-5 为硫铁矿体，矿体赋存标高为 -390～-600m，为深部盲矿体。矿体走向 330°，倾向北东，倾角 51°。矿体走向长 340m，倾向延伸 260m，平均厚度 7.53m，硫平均品位为 25.56%，伴生铜品位为 0.29%，伴生铁品位为 28.79%，伴生银品位为 72g/t。矿体属于中等稳固矿岩，围岩属于中等稳固岩石。

26.2.1.2　矿石特征

矿石自然类型可划分为银矿矿石、黄铁矿矿石。

银矿矿石主要由辉银矿、银黝铜矿、自然银、菱锰矿、磁铁矿、蔷薇辉石、锰铝榴石和含锰辉石组成，次为黄铁矿，少量黄铜矿、闪锌矿、方铅矿等，矿石矿物含量一般为 15%～25%。脉石矿物主要为方解石、石英、绢云母等。

黄铁矿矿石以黄铁矿为主，含量最高达 95% 以上，次要矿物为黄铜矿、磁铁矿、闪锌矿、方铅矿。脉石矿物为石英、透辉石、钙铝榴石、方解石等。

主要金属矿物特征如下：

黄铁矿（FeS_2）为浅黄色，半自形-他形粒状六面体晶形，粒径 0.095m。黄铁矿通常为浸染状、条带状、脉状分布在矿石中，多与其他金属硫化物呈平坦光滑或不规则连晶，部分呈单晶或集合体与脉石矿物连晶，局部与磁铁矿呈不规则状或反应边状连晶。大部分早期黄铁矿被压碎成角砾或裂纹发育，沿裂隙、裂纹、粒间有闪锌矿、方铅矿、黄铜矿贯入或交代。黄铁矿中包有磁铁矿及脉石矿物的包裹体。黄铁矿矿石中，黄铁矿最高可达80%~95%，黄铁铅锌矿石中黄铁矿含量一般在5%~25%。

黄铜矿（$CuFeS_2$）为铜黄色，他形不规则粒状，平均粒径0.04mm，呈浸染状、脉状分布于矿石中，多与黄铁矿、闪锌矿、方铅矿等呈不规则状连晶，常沿黄铁矿、闪锌矿粒间或裂隙贯入交代，少部分呈单晶或集合体于脉石中。在闪锌矿中见有细小的乳滴状、叶片状的固溶体分离晶体，这些分离晶体杂乱无章，或按一定方向排列，且分布不均，大小不一，大者粒径可达0.07mm，小者粒径在0.05mm之下，矿石中黄铜矿含量最高可达10%~15%，一般小于5%。

矿石结构以自形、半自形-他形粒状结构，交代熔蚀结构为主，次为包含结构，固熔体分离结构，碎裂结构。

自形、半自形-他形粒状结构为矿石的主要结构，黄铁矿、闪锌矿、方铅矿呈自形、半自形-他形晶分布在矿石中。

交代熔蚀结构，即晚期形成的矿物侵入早期形成矿物中，使早期矿物产生不规则的颗粒或集合体，晶体边出现凹陷，残缺呈海湾状，常见有方铅矿、闪锌矿、黄铜矿中形成各种熔蚀结构。在交代熔蚀结构中有两种特殊的交代结构，即交代残余结构和骸晶结构，其中交代残余结构是指早期矿物被交代成残余而存在于后期矿物之中，而骸晶结构是指晚期矿物在早期矿物中心交代而形成的结构。这两种结构在多金属矿石中比较常见，多在方铅矿、闪锌矿、交代黄铁矿中形成。

包含结构，即粗大黄铁矿晶体中包裹细小的黄铁矿，银矿物呈自形-他形晶包含于黄铁矿、方铅矿、闪锌矿中。

固熔体分离结构，即黄铜矿呈圆形、纺锤形、细小乳滴分布于闪锌矿中，乳滴排列通常无规律性，少数呈定向排列。

碎裂结构主要是由于黄铁矿受应力作用产生裂纹或碎裂，碎块呈菱角状，大小大致相等。

矿石构造以角砾状、块状构造为主，其次为浸染状、条带状、脉状、细脉状、马尾丝状、斑点状构造。

角砾状构造，即黄铁矿、闪锌矿、方铅矿、黄铜矿等呈胶结物，胶结石英砂岩角砾，大小不一，也见有黄铁矿等角砾被石英、绢云母胶结。

块状构造，即一种以黄铁矿，少量闪锌矿、黄铜矿、方铅矿构成；一种以闪锌矿、方铅矿为主，少量的黄铁矿、黄铜矿构成。

浸染状构造主要出现于黄铁矿、闪锌矿、方铅矿、黄铜矿等金属硫化物及磁铁矿的单体或集合体呈星散状分布在矿石中。

条带状构造主要在黄铁矿集合体和脉石矿物集合体呈条带状相间出现。

脉状构造、细脉状构造、马尾丝状构造：黄铁矿、闪锌矿、方铅矿、黄铜矿等金属硫化物呈脉状、细脉状分布在矿石中，脉体宽窄不一，黄铜矿呈细小马尾丝状充填于黄铁矿裂隙中构成马丝状构造。

斑点状构造主要出现于较粗大的黄铁矿均匀分散于矿石中。

矿石有用组分主要有Ag、Mn、S，伴生有益组分主要有Cu、Fe。矿石中有益元素Ag除了以自然银形式存在外，主要赋存于辉银矿、银黝铜矿、银砷黝铜矿、金银矿、硫砷黝铜矿、碲银矿及六方银矿等含银矿物中；Mn 主要赋存在碳酸锰中；S 主要赋存于黄铁矿、磁黄铁矿中，其次赋存在黄铜矿、方铅矿、闪锌矿等硫化物中。Cu 主要赋存在黄铜矿、黝铜矿等硫化物中。Fe 主要赋存在黄铁矿、磁铁矿中。

26.2.2　资源储量

八家子硫铁矿主矿种为硫铁矿，共生矿产为银、锰，伴生矿产为铁、铜，矿石工业类型为黄铁矿石、以银为主的银矿石。截至 2013 年年底，矿山保有银矿石量 263.57 万吨，金属量 876.03t，银的平均地质品位为 332g/t；保有硫铁矿矿石 357.22 万吨，硫的平均地质品位 26.17%；保有锰矿石量 263.57 万吨，锰的平均地质品位为 19.99%；保有铁矿石量 620.79 万吨，铁的平均地质品位为 21.7%；保有铜矿石量为 620.79 万吨，金属量为 10135t，铜的平均地质品位为 0.16%。

26.3　开采情况

26.3.1　矿山采矿基本情况

八家子硫铁矿为地下开采的矿山，采用竖井开拓，使用的采矿方法为留矿采矿法。矿山设计生产能力 4.95 万吨/年，设计开采回采率为 81%，设计贫化率为 19%，设计出硫的平均地质品位为 26.38%，硫矿的最低工业品位为 14%。

26.3.2　矿山实际生产情况

2013 年，矿山实际出矿量 24.1 万吨，排出废石 32.9 万吨。矿山开采深度为 270～ -600m 标高。具体生产指标见表 26-2。

表 26-2　矿山实际生产情况

采矿量/万吨	开采回采率/%	出矿品位/%	贫化率/%	掘采比/米·万吨$^{-1}$
24.1	88	26.38	0	3045

26.3.3　采矿技术

矿山主要采矿设备明细见表 26-3。

表 26-3　矿山主要采矿设备

序号	设备名称	设备型号	数量/台
1	矿井提升机	2δM3000/1520-2	1
2	提升绞车	2TST1200/830	2
3	罐笼	3 号双层轻型罐笼	2
4	主扇	DK45-N013	2
5	空气压缩机	L5.5-40/8	2
6	空气压缩机	5L-40/8	2

序号	设备名称	设备型号	数量/台
7	D 型多级清水离心泵	100D45×7	3
8	D 型多级清水离心泵	80D30×6	1
9	电机车	CZK7-6/250	2
10	电机车	ZK3-6/250	12
11	电耙绞车	2DPJ-30	2
12	装岩机	Z-17AW	6
13	装岩机	ZCZ-17	6
14	台钻	Z512	2
15	留矿机	FZC-5.5/1.4-7.5	1
16	凿岩机	YG290	18
17	侧翻式有轨矿车	0.7m³	60

26.4　选矿情况

26.4.1　选矿厂概况

该矿山选矿厂设计年选矿能力为 65 万吨，设计硫矿的入选品位为 14%，最大入磨粒度为 20mm，磨矿细度为 $-0.074mm$ 占 80%。选矿产品为硫精矿、铜精矿、铅精矿、锌精矿，银赋存在铜精矿、铅精矿、锌精矿中，选矿方法均为浮选法。

2013 年，铜矿的入选品位为 0.16%，选矿回收率为 86.06%，铜精矿品位为 13%，产率为 0.93%，铜精矿中银品位为 8068g/t；铅矿入选品位为 1.41%，选矿回收率为 86.53%，铅精矿品位为 43%，产率为 2.51%，铅精矿中银品位为 1108g/t；锌矿入选品位为 1.89%，选矿回收率为 90.57%，锌精矿品位为 43%，产率为 3.37%，锌精矿中银品位为 373g/t；硫矿的入选品位为 7.56%，选矿回收率为 66.07%，硫精矿品位为 35%，产率为 8.52%，硫精矿中银品位为 143g/t。

26.4.2　选矿工艺流程

26.4.2.1　碎磨工艺

采用三段一闭路破碎、阶段磨矿的碎磨工艺。1、2、3、6 号球磨机为一段磨矿，前 3 台球磨机的排矿经螺旋分级机分级后，溢流直接进入浮选；6 号球磨排矿经螺旋分级机分级后，溢流进入泵箱，由泵打入旋流器，旋流器溢流进入浮选，旋流器沉沙经球磨再磨后返回泵箱，形成闭路磨矿。5 号和 7 号球磨机为阶段磨矿，进入球磨前都有旋流器进行分级，5 号球磨机给矿为铜铅混合浮选一次粗选尾矿，7 号球磨机给矿是铜铅混合浮选一次精选尾矿。

26.4.2.2　浮选

浮选流程采用的是两次混合浮选、两次分离的流程。首先，优先采用等可浮流程浮选回收铜和铅（含银），抑制锌和硫；铜铅混合精矿分离采用抑铅浮铜。铜铅浮选尾矿采用等可浮流程浮选回收锌和硫；锌硫混合精矿分离采用抑硫浮锌。

26.4.2.3　浓缩脱水

铜精、铅精、锌精、硫精分别进入各自的浓密机，浓缩后由泵打入各自的脱水设备。铜精、铅精、锌精采用的是外滤式滚筒过滤机，硫精采用的是陶瓷过滤机。

26.4.2.4　尾矿回收综合利用

浮选尾矿经管道自流后由水隔离泵打入浓密机浓缩后打入旋流器组进行分级，旋流器底流经球磨机磨矿后返回旋流器组，形成闭路磨矿，旋流器溢流进入浮选；首先等可浮银和硫，银硫精矿经旋流器分级、球磨再磨（闭路磨矿）后进行银硫分离，分别得到银精矿和硫精矿；等可浮银硫的尾矿进入磁选系统，首先经过一次粗选一次精选得到铁精矿，粗选的尾矿经两次强磁选锰，得到的锰粗精再经一次弱磁除铁，得到锰精矿，弱磁除的铁进入铁精矿中；尾矿经深锥浓密机浓缩后，由带式滤过机进行脱水，实现尾矿干排。选矿工艺流程如图26-1所示，选矿主要设备型号及数量见表26-4。

表26-4　选矿主要设备型号及数量

序号	设备名称	规格型号	使用数量/台（套）
1	颚式破碎机	CM16A600×900	1
2	圆锥破碎机	KC1200	1
3	圆锥破碎机	PYD1750	1
4	振动筛	SZ1500×3000	2
5	球磨机	MQY2823	3
6	球磨机	MQY2430	1
7	球磨机	MQY2425	1
8	球磨机	MQY2130	1
9	球磨机	MQY1530	1
10	分级机	φ1200（双联）	4
11	分级机	φ1200（单联）	1
12	水力旋流器	φ250	4
13	水力旋流器	φ350	2
14	陶瓷过滤机	P45-15	1
15	陶瓷过滤机	P60	1
16	盘式真空过滤机	ZPG-30	5
17	浮选机	4A	2
18	浮选机	5A	10
19	浮选机	6A	70
20	浮选机	BF-4	60
21	浓密机	NZY-24	1
22	深锥浓密机	NGS-20	1
23	浮选机	BF-16	7
24	浮选机	6A	13
25	球磨机	MQY2740	1
26	球磨机	MQY2130	1
27	水力旋流器组	φ350-4	1
28	水力旋流器	φ250	2
29	磁选机	CTB-1030	1
30	磁选机	CTB-1024	2

序号	设备名称	规格型号	使用数量/台(套)
31	磁选机	CTB-1021	1
32	立环高梯度脉动磁选机	DLS-2000	2
33	立环高梯度脉动磁选机	SLon-2000	1
34	盘式滤过机	ZPG-20	2
35	带式真空过滤机	DZ-80	3
36	皮带机	B800	1

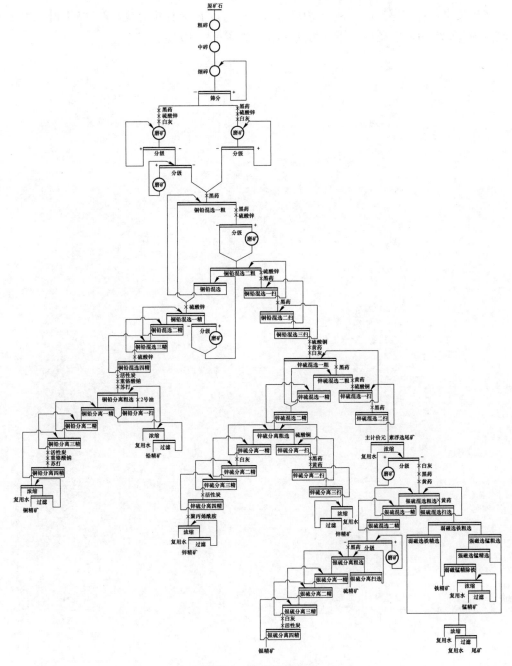

图 26-1　选矿工艺流程

26.5　矿产资源综合利用情况

八家子硫铁矿主矿产为硫铁矿，共伴生有银、锰、铁、铜、铅、锌等，矿产资源综合利用率 62.01%，尾矿 3.04%。

废石集中堆存在废石场，截至 2013 年年底，废石场累计堆存废石 443 万吨，2013 年排放量为 32.90 万吨。废石利用率为 80.15%，处置率为 100%。

尾矿集中堆存在尾矿库，截至 2013 年年底，尾矿库累计堆存尾矿 1347 万吨，2013 年排放量为 26.79 万吨。尾矿利用率为 8.96%，处置率为 100%。

27 何家小岭硫铁矿

27.1 矿山基本情况

何家小岭硫铁矿为地下开采的中型矿山，共伴生矿产主要为铁矿。矿山始建于1978年，于2008年开始技改扩建，是第三批国家级绿色矿山试点单位。矿区位于安徽省合肥市庐江县城东南32km，有柏油公路通往庐江县城，并与合肥—九江铁路、合肥—黄山高速相接，水路有缺口码头通往长江，水陆交通比较便利。矿山开发利用简表详见表27-1。

表 27-1 何家小岭硫铁矿开发利用简表

基本情况	矿山名称	何家小岭硫铁矿	地理位置	安徽省合肥市庐江县
	矿山特征	第三批国家级绿色矿山试点单位	矿床工业类型	中低温热液型矿床
地质资源	开采矿种	硫铁矿	地质储量/万吨	584.9
	矿石工业类型	黄铁矿石	地质品位/%	13.38
开采情况	矿山规模/万吨·年⁻¹	50（中型）	开采方式	地下开采
	开拓方式	平硐溜井开拓	主要采矿方法	无底柱分段崩落采矿法
	采出矿石量/万吨	34	出矿品位/%	13.38
	废石产生量/万吨	25	开采回采率/%	82.6
	贫化率/%	28.7	开采深度（标高）/m	80~11
	掘采比/米·万吨⁻¹	60		
选矿情况	选矿厂规模/万吨·年⁻¹	60	选矿回收率/%	S：90.41
	主要选矿方法	三段一闭路破碎，一段闭路磨矿，浮选—磁选联合选别		
	入选矿石量/万吨	50	原矿品位/%	S：12.84
	精矿产量/万吨	12.5	精矿品位/%	S：46.74
	尾矿产生量/万吨	37.5	尾矿品位/%	1.54
综合利用情况	综合利用率/%	72.34	废石处置方式	排土场堆存
	废石排放强度/t·t⁻¹	2	尾矿处置方式	尾矿库堆存
	尾矿排放强度/t·t⁻¹	3		

27.2 地质资源

何家小岭硫铁矿是我国八个主要硫铁矿床之一，矿床类型为中低温热液型矿床，开采深度+80~+11m，该矿床位于庐极盆地东北边龙门院-凤凰山单斜构造中段，何家小岭挠曲西翼与盘石岭-何家小岭潜火山岩隆起带南段的复合部位。矿床规模巨大，具有较大的经济价值。矿区附近出露地层主要为龙门院组和砖桥组下、中两个岩性段。砖桥组下段以粗安质角砾岩、沉凝灰岩、粗安质熔岩为主，与下伏龙门院组不整合接触，详细可分为三层。即第一层为灰黑色角砾岩、沉凝灰角砾岩、沉角砾凝灰岩、晶屑凝灰岩；第二层为淡紫红色角砾熔岩、沉角砾凝灰岩、凝灰角砾岩、夹泥质粉砂岩、角砾晶屑凝灰岩；第三层为角砾凝灰岩、晶屑凝灰岩、沉凝灰岩，上部为凝灰质粉砂岩。矿区次火山岩分布广，主要有粗安斑岩、闪长粉岩、石英正长斑岩。

矿区黄铁矿化或黄铁矿床严格受地层层位控制。小岭硫铁矿床、柳金山和大公山硫铁矿点均位于砖桥组下段第一韵律层的角砾凝灰岩和沉凝灰岩地层中，硫铁矿的层控异常明显。工业矿体不论其大小，基本上都呈似层状、层状、透镜状产出。产状与地层基本吻合。发育于沉凝灰岩中的黄铁矿具有良好的沉积韵律构造。小岭硫铁矿矿体上下盘均有粗安斑岩产出，并随下部粗安斑岩隆起形状变化而变化，有些矿体亦见于下层粗安斑岩中，说明矿体也受粗安斑岩控制。另外，矿床还受火山机构控制，即小岭硫铁矿床受小岭隐爆二级火山机构控制，而柳金山、大公山硫铁矿点受控于黄屯-缺口裂隙-中心式一级火山机构。矿床内蚀变作用强烈，除在上部粗安斑岩的局部地段及深部石英正长斑岩中可见到未蚀变的岩石外，其余均已发生了不同程度的蚀变与矿化。蚀变与火山侵入活动所伴随的气液作用有关，呈面型分布，范围广、强度大，具有多期次的特征。自下而上分别为深色蚀变、叠加蚀变、浅色蚀变，相应由高温蚀变矿物组合逐渐转变为中低温蚀变矿物组合，在主金属矿物方面，沉淀分带规律（磁铁矿-赤铁矿，黄铁矿，黄铜矿）也很明显。

矿区已探明资源储量 584.9 万吨，矿区主要矿种为硫铁矿，共伴生有赤铁矿、褐铁矿、少量的磁铁矿和铜矿，铜矿量少，品位太低（平均品位为 0.3% ~ 0.5%），不具有综合回收利用价值。

27.3 开采情况

27.3.1 矿山采矿基本情况

何家小岭硫铁矿为地下开采的矿山，采用平硐开拓，使用的采矿方法为无底柱分段崩落采矿法。矿山设计年生产能力 50 万吨，设计开采回采率为 82.6%，设计贫化率为 25%，设计硫的出矿品位为 15.49%，硫矿最低工业品位（S）为 8%。

27.3.2 矿山实际生产情况

2013 年，矿山实际出矿量 34 万吨，排出废石 25 万吨。矿山开采深度为 80~11m 标高。具体生产指标见表 27-2。

表 27-2 2013 年何家小岭硫铁矿实际生产情况

采矿量/万吨	开采回采率/%	出矿品位/%	贫化率/%	掘采比/米·万吨$^{-1}$
26.42	82.6	13.38	28.7	60

27.3.3 采矿技术

开拓方式为平硐溜井开拓，中段标高为+80m，首采分层为+100m。回风平硐断面为 9.82m^2。采矿方法选用无底柱分段崩落采矿法。

根据进风井、出风井的相对位置，采用单翼抽出式通风系统。主扇安装在+110m 回风平硐。矿井需风量为 95m³/s，矿井摩擦阻力 960.64Pa。主扇选用 K45-6-20 型轴流式通风机，其风量 69.8~132.0m³/s，静压 1019~1956Pa。各分层布置 K40-6-No14 型辅扇，采掘工作面布置局扇 10 台，型号为 JK58-1No4.5。

井下运输采用轨道运输，轨距 600mm，轨重 22kg/m。矿石采用 1.2m³ 矿车，废石采用 0.7m³ 矿车，工作面中采出矿石经由铲运机运至放矿溜井，再经放矿口振动放矿机装入矿车，由 ZK7-6/250 型电机车经中段运输平巷运至粗破原矿仓。废石运出地表后，直接运到废石场临时堆放。

采用固定式供气方式，矿井总耗气量约为 74.66m³/min。井下正常使用 YGZ-90 凿岩机 3 台，备用 1 台。YT-24 凿岩机 8 台。

在井口附近建高位水池，由水泵将水送至高位水池，再利用位能向井下供水，主供水管使用 φ121mm×4.5mm 无缝钢管。

27.4 选矿情况

27.4.1 选矿厂概况

小岭硫铁矿选矿厂年入选矿石量为 50 万吨，全部来自自产矿石，选矿采用一般浮选法，入选原矿是硫铁矿，入选品位 12.84%，设计选矿回收率是 90%。

破碎筛分采用三段一闭路的破碎流程，破碎产品最终入磨粒度 0~12mm。磨矿采用一段闭路磨矿流程，分级溢流细度 -0.074mm 占 75%。浮选采用一次粗选、二次精选、一次扫选的选别流程。

27.4.2 选矿工艺流程

小岭硫铁矿选矿厂于 2010 年初建成投入试生产，矿石经破碎筛分，满足球磨机给料粒度小于 12mm 的要求。磨选工艺原设计两台球磨机，其中 QMG3231 球磨机为一段磨矿，原矿经一段磨矿分级后进入到硫浮选的粗选作业，所得硫粗精矿进入 QMY2736 球磨机进行二段磨矿，经二次分级后再进入到精选作业，直至得最终硫精矿。由于粗精矿再磨，容易导致硫矿物的过磨而产生泥化现象，造成浮选指标恶化，其精矿品位和回收率均难以保证。

2010 年 10 月进行了取消二段磨矿、让粗精矿直接精选的工业试验，结果表明在一段球磨机处理量不减少的情况下，不仅硫精矿品位完全达到技术标准（≥46%）为 47.08%，而且选硫回收率由原来的 88% 提高到 90.41%。工业试验成功后，进行了系列技术改造以提高选矿厂产能与生产技术指标。

（1）为满足球磨机生产能力扩大需要，在 CBO 颚式破碎机之前，增加了一台型号为 GT60-3.0/2.5 固定液压式破碎机，以增加破碎作业的矿石处理能力，满足主厂房产能提高的需要。

（2）在取消二段磨矿取得成功的基础上，确定了硫粗精矿直接入选的浮选工艺流程，消除了因二段磨矿带来的硫矿物的泥化难选现象。经过一段时间适应性生产运行，将原来用于二段磨矿的 GMY2736 系统，改造成用来处理原矿的 2 号系列，其原矿处理能力为 30t/h。既提高了硫的浮选指标，又增大了处理量。使得选矿产能由原来 60t/h 提高到 90t/h，即年选矿产能在技改前不到 50 万吨，达到 60 万吨。为了满足球磨处理量提高的需要，浮选系统也做了相应的扩建改造，在原来一个浮选系列的基础上，增建了 1 个新的浮选系列：浮选、扫选采用 16m³ 浮选机各 3 台，一精、二精分别用 8m³ 浮选机 3 台、4 台，新增 45m² 陶瓷过滤机 1 台。主要设备见表 27-3，改造前后工艺流程如图 27-1 和图 27-2 所示。

表 27-3　何家小岭硫铁矿选矿厂主要设备

序号	设备名称	规格型号	使用数量/台（套）
1	液压破碎机	GTP30-1.5/2.0	1
2	液压破碎机	GT60-3.0/2.5	1
3	颚式破碎机	C80	1
4	圆锥破碎机	HP300	1
5	振动筛	YKR2460	1
6	球磨机	MQG3231	1
7	球磨机	MQY2736	1

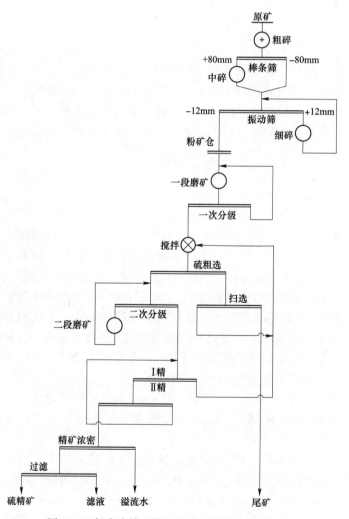

图 27-1　何家小岭硫铁矿选矿厂改造前工艺流程

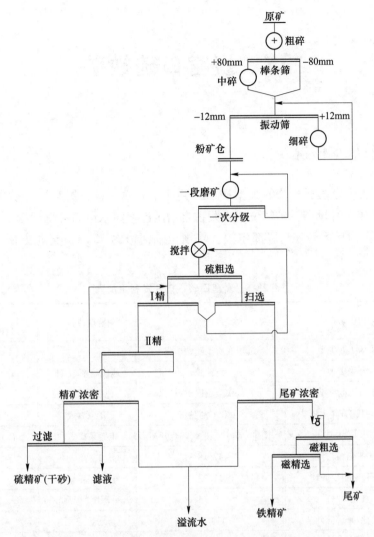

图 27-2　何家小岭硫铁矿选矿厂改造后选矿工艺流程

27.5　矿产资源综合利用情况

何家小岭硫铁矿主矿产为硫铁矿，伴生有赤铁矿、褐铁矿、磁铁矿及少量铜矿，矿产资源综合利用率为 72.34%。

28　炭窑口硫铁矿

28.1　矿山基本情况

炭窑口硫铁矿为地下开采的大型矿山，共伴生有铜、锌、银和硫。矿山始建于 1970 年 8 月，1972 年 7 月投产。矿区位于内蒙古自治区巴彦淖尔市乌拉特后旗，南距呼和温都尔镇约 1.5km，由矿区经呼和温都尔镇、陕坝至临河市约 55km，交通方便。矿山开发利用简表详见表 28-1。

表 28-1　炭窑口硫铁矿开发利用简表

基本情况	矿山名称	炭窑口硫铁矿	地理位置	内蒙古自治区巴彦淖尔市乌拉特后旗
	矿床工业类型	沉积变质型硫铁矿床		
地质资源	开采矿种	硫铁矿	地质储量/万吨	11041.66
	矿石工业类型	黄铁型硫铁矿石	地质品位/%	20
开采情况	矿山规模/万吨·年$^{-1}$	180（大型）	开采方式	地下开采
	开拓方式	竖井、斜井、平硐联合开拓	主要采矿方法	浅孔留矿采矿法
	采出矿石量/万吨	47.18	出矿品位/%	20.64
	废石产生量/万吨	11.22	开采回采率/%	73
	贫化率/%	13.34	开采深度（标高）/m	1270~750
	掘采比/米·万吨$^{-1}$	114.62		
选矿情况	选矿厂规模/万吨·年$^{-1}$	120	选矿回收率/%	S：84.36、Cu：79.08、Zn：83.01
	主要选矿方法	浮选		
	入选矿石量/万吨	76	原矿品位/%	S：20、Cu：0.54、Zn：0.98
	硫精矿产量/万吨	31.58	精矿品位/%	S：40
	铜精矿产量/万吨	1.35	精矿品位/%	Cu：18
	锌精矿产量/万吨	1.54	精矿品位/%	Zn：40
	尾矿产生量/万吨	41.53	尾矿品位/%	6.18
综合利用情况	综合利用率/%	61.32	废水利用率/%	80
	废石排放强度/t·t^{-1}	0.33	废石处置方式	建材
	尾矿排放强度/t·t^{-1}	1.43	尾矿处置方式	尾矿库堆存
	废石利用率/%	100	尾矿利用率/%	0

28.2　地质资源

28.2.1　矿床地质特征

炭窑口硫铁矿矿床属于沉积变质型硫铁矿床，矿石工业类型为黄铁型硫铁矿石。矿区位于内蒙古地轴西段北缘、狼山多金属成矿带的南带。该矿带北部边缘北纬 42°附近，以深大断裂与兴蒙海西褶皱带相接，矿带的南部边缘以深断裂与古陆核为邻。在中晚元古代狼山期，本区属于狼山-白云鄂博大陆边缘裂谷的西段。区内地层以中上元古界狼山群为主，基底地层为下元古界五台群。五台群属"优地槽"岛弧型基性-中酸性火山岩夹砂泥员碎屑岩建造，主要由黑云角闪斜长片麻岩、角闪斜长片麻岩、绿泥石片岩、大理岩等组成。矿区内的含矿岩系，为狼山群第二岩组泻湖海湾相炭砂泥质岩-泥质炭质白云岩建造。主要由一些变质的炭质泥岩、砂质泥岩、白云质灰岩、炭质泥质砂质白云岩等组成。东升庙矿区白云岩占整个含矿岩系 50%～60%以上。炭窑口矿区略小，占 20%～30%。金属硫化物矿床呈层状、似层状赋存于含矿岩系之中。矿体规模大小不一，和围岩呈整合接触并同步褶皱。局部可见矿体的分支复合及跨层现象。矿石中具有工业价值的矿物有黄铁矿、闪锌矿、黄铜矿及少量磁黄铁矿、辉铜矿、斑铜矿、磁铁矿、白铁矿、方铅矿、毒砂；脉石矿物有方解石、白云石、石英、长石、云母及少量的重晶石和石膏。矿体为异体共（伴）生矿体，矿石中有用组分主要为硫、铜和锌，伴生有用组分为铜、锌、银和硫。

28.2.2　资源储量

炭窑口硫铁矿中主要有用组分为硫，伴生有用组分为铜、锌、银和硫。累计查明资源储量（矿石量）11041.66 万吨。其中硫铁矿石量 3906.97 万吨，硫矿物量 7813940t，S 的品位 20%；铜矿石量 3881.11 万吨，铜金属量 286642t，Cu 的品位 0.74%；锌矿石量 3253.58 万吨，锌金属量 937031t，Zn 的品位 2.88%。

28.3　开采情况

28.3.1　矿山采矿基本情况

炭窑口硫铁矿为地下开采矿山，采用竖井—斜井—平硐联合开拓，使用的采矿方法为无底柱分段崩落法。矿山设计生产能力 180 万吨/年，设计开采回采率为 70%，设计贫化率为 15%，硫矿设计出矿品位为 17%，硫矿最低工业品位为 14%。

28.3.2　矿山实际生产情况

2013 年，矿山实际出矿量 47.18 万吨，排出废石 11.22 万吨。矿山开采深度为 1270～750m 标高。具体生产指标见表 28-2。

表 28-2　2013 年炭窑口硫铁矿实际生产情况

出矿量/万吨	开采回采率/%	出矿品位/%	贫化率/%	掘采比/米·万吨⁻¹
47.18	73	20.64	13.34	114.62

28.3.3　采矿技术

炭窑口硫铁矿区分南北两个采区，从投产至今一直采用地下开采方式，竖井、斜井、平硐联合开拓方案，采用浅孔留矿（无底部结构）采矿方法进行矿石开采。采矿工艺由凿岩—爆破—装载—阶段运输—提升—地表贮矿仓等组成。

28.4　选矿情况

炭窑口硫铁矿产出矿石由内蒙古奇华矿业选矿厂加工。选矿厂设计年选矿能力 120 万吨，设计硫入选品位 17.0%。

选矿厂采用浮选工艺流程。最大入磨粒度 10mm，磨矿细度 -0.074mm 占 67%。选矿产品为硫精矿、铜精矿、锌精矿。伴生银富集在铜精矿中，在冶炼时加以回收。

2011 年，选矿厂入选矿石 76.00 万吨，入选品位 S 20%、Cu 0.46%、Zn 1.15%。硫精矿产量 30.80 万吨，产率 40.52%，S 品位 40%，回收率 85%；铜精矿产量 1.35 万吨，产率 1.78%，Cu 品位 18%，回收率 72%；锌精矿产量 1.54 万吨，产率 2.03%，Zn 品位 40%，回收率 82%。

2013 年，选矿厂入选矿石量 76.00 万吨，入选品位 S 20%、Cu 0.54%、Zn 0.98%。硫精矿产量 31.58 万吨，产率 41.55%，S 品位 40%，回收率 84.36%；铜精矿产量 1.35 万吨，产率 1.78%，Cu 品位 18%，回收率 79.08%；锌精矿产量 1.54 万吨，产率 2.03%，Zn 品位 40%，回收率 83.01%。

从 2009 年选矿厂每年处理含低品位铜单硫矿石约 25 万吨，Cu 入选品位 0.18% ~ 0.19%，Cu 选矿回收率 56.43% ~ 56.63%。

28.5　矿产资源综合利用情况

炭窑口硫铁矿矿石中主要有用组分为硫，伴生有用组分为铜、锌、银和硫，矿产资源综合利用率 61.32%，尾矿含硫 4.36%。

废石集中堆存在废石场，2013 年年排放量为 11.22 万吨。废石利用率为 100%，处置率为 100%。

尾矿集中堆存在尾矿库，截至 2013 年年底，尾矿库累计堆存 530 万吨，2013 年排放量为 41.53 万吨。尾矿利用率为零，处置率为 100%。

29 云浮硫铁矿

29.1 矿山基本情况

云浮硫铁矿为露天开采的大型矿山，共伴生组分有铁、锡、铊。矿山始建于 1979 年，1988 年 1 月建成投产，是中国最大的硫铁矿山，第四批国家级绿色矿山试点单位。矿区位于广东省云浮市云城区，分长排岭、大降坪、尖山三个区段。矿区有专用铁路与三茂铁路相连，有专用公路与 324 国道、广梧高速公路、云（浮）六（都）公路连接，矿区至云浮城区 8.5km，到六都西江港口 18km，上行可至广西贵港，下行通往广州、香港等地，交通十分方便。矿山开发利用简表详见表 29-1。

表 29-1 云浮硫铁矿开发利用简表

	矿山名称	云浮硫铁矿	地理位置	广东省云浮市云城区
基本情况	矿山特征	中国最大的硫铁矿山、第四批国家级绿色矿山试点单位	矿床工业类型	同生沉积矿床
地质资源	开采矿种	硫铁矿	地质储量/万吨	20160.46
	矿石工业类型	黄铁矿石	地质品位/%	28.61
开采情况	矿山规模/万吨·年$^{-1}$	300（大型）	开采方式	露天开采
	开拓方式	公路运输开拓	主要采矿方法	组合台阶采矿法
	采出矿石量/万吨	277.59	出矿品位/%	28.61
	废石产生量/万吨	364.4	开采回采率/%	96.28
	贫化率/%	6.26	开采深度(标高)/m	520~-200
	剥采比/t·t^{-1}	1.37		
选矿情况	选矿厂规模/万吨·年$^{-1}$	300	选矿回收率/%	82.93
	主要选矿方法	富矿系统：四段破碎—棒磨 贫矿系统：一段破碎—两段磨矿—单一浮选		
	入选矿石量/万吨	238.74	原矿品位/%	28.31
	精矿产量/万吨	120.75	精矿品位/%	46.64
	尾矿产生量/万吨	117.99	尾矿品位/%	6.29
综合利用情况	综合利用率/%	79.85	废水利用率/%	53
	废石排放强度/t·t^{-1}	3.02	废石处置方式	排土场堆存、建材
	尾矿排放强度/t·t^{-1}	0.98	尾矿处置方式	尾矿库堆存、建材
	废石利用率/%	15.09	尾矿利用率/%	8.05

29. 2　地质资源

29. 2. 1　矿床地质特征

云浮硫铁矿属同生沉积矿床，矿山位于吴川四会深大断裂带中段的西北侧，云浮大绀山背斜的北东倾伏端，区内下部地层为变质程度较高的石榴石十字石钠长片岩、片麻岩及变粒岩，上部地层由下而上表现为：石英岩、片岩夹千枚岩；堇青石结晶灰岩、角岩、片岩及石英岩；变质碳质粉砂岩、千枚岩、泥灰岩夹条带状硫铁矿层；含锰粉砂岩、千枚岩夹灰岩及层凝灰岩，矿体产状基本与围岩一致，形态为层状、似层状，富集地段呈巨大透镜状。云浮硫铁矿为一大型飞来峰构造，由自南东向北西推覆将含矿岩系大绀山组推覆于泥盆石炭系灰岩之上。全区共有 5 个矿体，其中以Ⅲ、Ⅳ号矿体为主，Ⅲ号矿体为条带状矿石，Ⅳ号矿体规模最大，最大厚度达 159m，长度为 2150m，由块状黄铁矿石组成。该矿床主要矿石矿物为黄铁矿，含有少量磁黄铁矿、方铅矿、闪锌矿等。

云浮硫铁矿矿床中黄铁矿石类型有块状黄铁矿石，细分为中粒、细粒及致密矿石；条带状黄铁矿，表现为黄铁矿石与碳质粉砂岩互层的同生沉积特征；含碳质黄铁矿石（黑色）。黄铁矿石主要有粒状结构、压碎结构及交代熔烛结构，主要构造为条带状构造、块状构造及致密块状构造。

矿床Ⅲ号矿体的条带状构造极为发育，有厚层、中厚层、薄层条带及纹层条带，不同厚度黄铁矿层与围岩夹层（薄层-纹层状泥炭质粉砂岩、硅质岩等）构成互层韵律构造，露采面上可见大的韵律层由若干个小韵律层组成，韵律层内小层厚度为 0.1~2cm。另外，韵律构造中粒序层理发育，其主要由黄铁矿颗粒与泥质粉砂岩碎屑由下而上逐渐变大。硅质岩与黄铁矿同时沉淀。Ⅲ号矿体矿石中黄铁矿主要呈半圆状团聚体产出，据统计其粒度主要集中于 0.064~0.512mm。薄层状黄铁矿层与碳质粉砂岩内黄铁矿粒度 0.064~0.512mm 者占多。条带状矿石中，多为重结晶和定向排列的半自形和自形立方体晶形，粒径多为 0.1mm；此外，后期方解石脉和石英脉中常见有粗粒晶黄铁矿立方体，局部可见五角十二面体晶形。粗粒、中粗粒黄铁矿石半自形和自形立方体晶形；致密块状矿石中的黄铁矿多为他形半自形晶，微细粒集合体。其中疏松状黄铁矿石呈粉粒状，粒度一般为 0.01~2mm，夹有致密碎块状黄铁矿；浸染状黄铁矿多为半自形粒状结构，粒度一般为 0.25~0.5mm，局部胶结有微细粒的（块）粒状黄铁矿角砾；致密（块）状粒状集合体黄铁矿多为微细粒他形晶，粒度一般为 0.01~0.1mm。

Ⅳ号矿体中含黄铁矿碳质粉砂岩主要由黄铁矿和碎屑组成，表现为沉积作用的特征。碎屑由石英、黑云母组成。通过粒级分离，黄铁矿石的粒径一般为 0.1~2mm，且与长石、石英颗粒粘连，重液分离效果不是很好，矿石被有机碳污染显黑色。黄铁矿沉积具有定向特征。矿石结构松散，细粒、致密状黄铁矿常具有微层纹状构造，弯曲层厚度为 0.1~1mm。

29. 2. 2　资源储量

云浮硫铁矿矿石工业类型为黄铁型硫铁矿石，矿区（包括大降坪至长排岭区段及尖山区段）累计共查明硫铁矿资源储量 20160.46 万吨，另查明低品位硫铁矿 1611.67 万吨；矿区范围内还赋存有铁矿资源储量 2248.08 万吨。

29.3　开采情况

29.3.1　矿山采矿基本情况

云浮硫铁矿为露天开采的矿山，采用公路运输开拓，使用的采矿方法为组合台阶采矿法。矿山设计年生产能力 300 万吨，设计开采回采率为 95%，设计贫化率为 5%，硫矿设计出矿品位为 30.14%，硫矿最低工业品位为 12%。

29.3.2　矿山实际生产情况

2013 年，矿山实际采矿量 277.59 万吨，排出废石 364.4 万吨。矿山开采深度为 520~ -200m 标高。具体生产指标见表 29-2。

表 29-2　2013 年云浮硫铁矿实际生产情况

采矿量/万吨	开采回采率/%	出矿品位/%	贫化率/%	露天剥采比/$t \cdot t^{-1}$
277.59	96.28	28.61	6.26	1.37

29.3.3　采矿技术

29.3.3.1　开拓方式

云浮硫铁矿露天采场采用公路开拓汽车运输方式，开采范围在大降坪区段的 16~15 号勘探线之间，因采矿场比较大，初步设计划分为南采区、北采区，两区运输系统分述如下。

北采区：470m 平台以上剥离的岩土经西帮境界外 480m 堑沟运至东安坑排土场；470~346m 平台剥离的岩石采用单侧直进式堑沟开拓，经采场北端、采场西帮下盘运往大台排土场，346m 平台以下剥离岩石则采用上盘回返沟进行开拓，经东帮矿岩运输公路运至大台排土场排放。而矿石分别经 334m、305m 水平上盘堑沟出口，再经东帮矿岩运输公路运至 300m 破碎站。

南采区：400m 标高以上剥离的岩土运往东安坑排土场，346~390m 标高段岩石则经北区下盘运输平台运至大台排土场，346~284m 平台剥离的岩石则经采场临时线路接至上盘境界外矿岩运输公路运往大台排土场，274m 以下的岩石则分别经上盘回返沟运往大台排土场。矿石运输方面，346m 水平以上的矿石分别经北区各运输平台，再经狮子岭矿岩运输公路运至 300m 破碎站，346~286m 各台阶的矿石则经采场移动坑线接至上盘运输公路运至破碎站，274m 水平以下的矿石经上盘回返沟运至破碎站。

目前经过多年大规模的开采，南北采区划分界线不是特别明显，台阶形成已经连接成一起，近几年已经不再延用南北采区的叫法。目前运输系统主要是采场内台阶岩、土方以汽车从现场经过 300m 平台、370m 运输道运至排土场；矿石用汽车从开采台阶现场经过采场内中间运输道运及北区运输道运至 300m 平台贫、富矿破碎站。

29.3.3.2　采矿装备

A　穿孔爆破

露天台阶爆破采用 45R 和 YZ-35 型牙轮钻机穿凿垂直孔，孔径 250mm，孔深 12m，超深 2.5m。矩形或梅花形布孔，孔距 5～6m，排距 5.5～7.5m。采用多排孔微差爆破技术，非电导爆管起爆系统。炸药为乳化炸药，选取两台炸药现场混装车装药。矿岩爆破允许最大块度为 1000mm，大块集中堆放，采用钻孔爆破法或液压碎石器进行二次破碎。

B　装载作业

矿石和岩石经爆破松动后，用 WK-4 型 4m³ 电铲进行铲装作业。矿石、低品位矿石、铁矿和废石分别铲装。低品位硫铁矿、铁矿，统一运往排土场单独堆放，以便加以综合利用。

C　矿岩运输

矿岩运输用 45t 载重自卸汽车分别运往粗碎站、废石场。

D　辅助作业

为了保证矿山采、装、运等主要生产环节工作的正常运行，使主要生产设备效率能够充分发挥，必须加强矿山辅助生产作业。为此，矿山配备了推土机、压路机、平路机、洒水车和材料车等设备，主要用于完成采场道路的修筑、工作面的平整及爆堆集堆、道路和工作面的防尘洒水等工作。据统计，矿山现有辅助设备基本能满足辅助生产作业要求。

29.4　选矿情况

29.4.1　选矿厂概况

云浮硫铁矿是一个已生产多年的矿山，选矿厂 1988 年建成投产至今。选矿厂年生产规模为 300 万吨（其中富矿破碎为 150 万吨，贫矿选矿厂为 150 万吨）。主要产品为硫精矿。

29.4.2　选矿工艺流程

29.4.2.1　富矿系统工艺流程

富矿系统原设计采用三段破碎—棒磨工艺流程，生产 -3mm 粉矿产品。由于原设计的 -3mm 粉矿生产工艺存在许多问题，多年来富破系统改用三段破碎工艺生产 -40mm 块矿产品。为满足市场需要，1996 年在三段破碎后再加一段破碎，形成四段破碎—棒磨工艺流程，生产 -3mm 粉矿，工艺流程如图 29-1 所示。

29.4.2.2　贫矿系统工艺流程

选矿厂贫矿系统设计为一段粗碎，采出原矿块度 1000～0mm，经一次破碎至 35～0mm。磨矿采用湿式自磨与格子型球磨联合，分级机使用 φ2400mm 高堰式双螺旋分级机，浮选为一粗二精二扫流程，硫精矿浓缩过滤。贫矿石的选矿工艺流程及药剂制度经过数年的生产实践改进现在改为二粗四精一扫。工艺流程如图 29-2 所示。

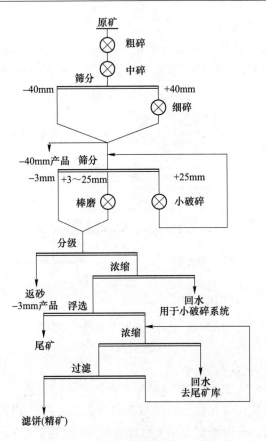

图 29-1　云浮硫铁矿富矿工艺流程

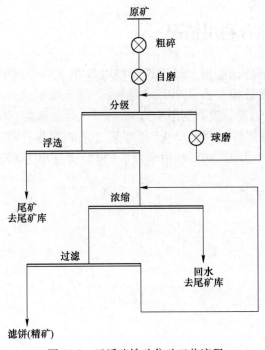

图 29-2　云浮硫铁矿贫矿工艺流程

29.4.2.3　Ⅴ系列工艺流程

Ⅴ系列是云浮硫铁矿于 2010 年新建的磨浮系统。云硫 Ⅴ 系列磨矿分级系统采用的是球磨机与水力旋流器组成的一段闭路磨矿，浮选采用"两粗两精两扫"的工艺流程，工艺流程如图 29-3 所示。

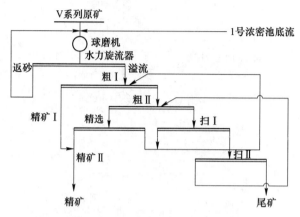

图 29-3　云浮硫铁矿Ⅴ系列工艺流程

29.4.2.4　Ⅵ系列工艺流程

Ⅵ系列是云浮硫铁矿于 2012 年新建的尾矿再选的磨浮系统，主要处理磨浮 Ⅰ～Ⅲ 系列及 Ⅴ 系列尾矿，生产含硫 35% 精矿。云硫 Ⅵ 系列磨矿分级系统在棒磨车间，二段磨矿浮选在选尾车间的磨浮系统，一段磨矿采用 1 台棒磨机、1 台球磨机和分级机组成闭路磨矿分级系统，浮选采用二粗四精二扫的工艺流程。

29.5　矿产资源综合利用情况

云浮硫铁矿为单一硫铁矿，矿产资源综合利用率 79.85%，尾矿 S 含量 6.29%。

废石集中堆存在废石场，截至 2013 年年底，废石场累计堆存废石 23549.4 万吨，2013 年排放量为 364.4 万吨。废石利用率为 15.09%，处置率为 100%。

尾矿集中堆存在尾矿库，截至 2013 年年底，尾矿库累计堆存尾矿 1159.49 万吨，2013 年排放量为 117.99 万吨。尾矿利用率为 8.05%，处置率为 100%。

30　云台山硫铁矿

30.1　矿山基本情况

云台山硫铁矿为地下开采的中型矿山，无共伴生矿产。矿山成立于 1959 年 10 月。矿区位于江苏省南京市江宁区，距南京市区 35km，交通比较便利。矿山开发利用简表详见表 30-1。

表 30-1　云台山硫铁矿开发利用简表

基本情况	矿山名称	云台山硫铁矿	地理位置	江苏省南京市江宁区
	矿床工业类型	交代浸染的透镜状黄铁矿矿床		
地质资源	开采矿种	硫铁矿	地质储量/万吨	1115.06
	矿石工业类型	黄铁矿石	地质品位/%	22.79
开采情况	矿山规模/万吨·年⁻¹	40（中型）	开采方式	地下开采
	开拓方式	竖井开拓	主要采矿方法	无底柱分段崩落采矿法
	采出矿石量/万吨	12.21	出矿品位/%	20.66
	废石产生量/万吨	0.35	开采回采率/%	88
	贫化率/%	16.56	掘采比/米·万吨⁻¹	51.25
选矿情况	选矿厂规模/万吨·年⁻¹	30	选矿回收率/%	93
	主要选矿方法	二段一闭路碎矿——段闭路磨矿—浮选		
	入选矿石量/万吨	10.92	原矿品位/%	19.27
	精矿产量/万吨	4.37	精矿品位/%	45
	尾矿产生量/万吨	6.55	尾矿品位/%	1.18
综合利用情况	综合利用率/%	81.84	废石处置方式	排土场堆存
	废石排放强度/t·t⁻¹	0.08	尾矿处置方式	尾矿库堆存
	尾矿排放强度/t·t⁻¹	1.50		

30.2　地质资源

30.2.1　矿床地质特征

云台山硫铁矿属于产于碳酸盐及砂页岩中的交代浸染的透镜状黄铁矿矿床。矿体产于石英质及钙质粉砂岩为主的细砂岩，粉砂岩和页岩互层的岩石中，粉砂岩受强烈碳酸盐化，矿体较为富集，矿体与岩层产状一致。

矿体延长 25~475m，延伸由数十米到 325 米，矿床由三、四条较大的矿体及数十条较小的矿体组成，厚度 1~69m，沿走向及倾向均有膨大、变薄、分枝现象，呈大小不等的椭长透镜体，产状中等，倾角 30°~50°。

矿石主要为浸染状矿石，其次有少量块状，似条带状，松散状及角砾状矿石。

组成矿石的矿物主要为黄铁矿及少量分布极为零星的白铁矿、黄铁矿、方铅矿、闪锌矿及毒砂等。

矿床长 750m、宽 250m、矿体厚大、品位富，为中-大型的黄铁矿床。

块状矿石为富矿，含硫量大于 30%，分布在矿体的中间部位。浸染矿石分布最广，密集浸染为品位 20%~30% 矿石；稀疏浸染矿石为低品位矿石（硫含量 12%~20% 及 7%~12%）。松散矿石分布在 27 线接近地表部分，含硫大于 30%。角砾矿石分布在 30 线主要矿体的底部，含硫变化较大，Ⅱ-Ⅳ 级品均位。细脉矿石分布较少，一般为 Ⅲ-Ⅳ 级品。似条带状矿石分布极少，为 Ⅲ-Ⅳ 级品。

30.2.2　资源储量

云台山硫铁矿矿石工业类型主要有分致密块状与浸染状黄铁矿两种，累计查明资源储量 1115.06 万吨，平均品位为 22.29%。

30.3　开采情况

30.3.1　矿山采矿基本情况

云台山硫铁矿为地下开采矿山，采用竖井开拓，使用的采矿方法为无底柱分段崩落法。矿山设计年生产能力 40 万吨，设计开采回采率为 83%，设计贫化率为 15%，硫设计出矿品位为 15.5%，硫矿最低工业品位为 14%。

30.3.2　矿山实际生产情况

2011 年，矿山实际采矿量 12.21 万吨，排出废石 0.35 万吨。具体生产指标见表 30-2。

表 30-2　2011 年云台山硫铁矿实际生产情况

采矿量/万吨	开采回采率/%	出矿品位/%	贫化率/%	掘采比/米·万吨⁻¹
12.21	88	20.66	16.56	51.25

30.3.3　采矿技术

云台山硫铁矿无底柱分段崩落法主要结构参数见表 30-3。

表 30-3　云台山硫铁矿无底柱分段崩落法主要结构参数

阶段高度/m	矿块尺寸/m×m	分段高度/m	进路间距/m	进路断面/m×m	溜井间距/m	溜井断面/m×m
50	50×50	10~12.5	6~8	2.7×2.7	24	2×2

采准切割及回采工艺：首先在矿体的下盘布置一条脉外人形通道。在走向长 200m 宽

为矿体水平厚度的区段内，根据采矿方法的结构参数沿走向布置四个采区，编号分别为一、二、三、四号采区，一、二号采区布置2个溜井，三、四号采区布置3个溜井，采矿进路沿矿体走向布置，上分段和下分段呈"菱"形布置，上下分段通过斜井联系，运输物料，行人、进风都通过斜井。设计采矿顺序由上盘向下盘采准、切割、回采。采装作业安排为上分段回采出矿，下分段为中深孔凿岩，再下分段采准切割掘进，采矿各工序互不影响。采准比实际平均为50米/万吨左右。

核定综合回采率为85%，历年平均回采率为81.6%，近几年的回采率为88%左右；核定贫化率为17%，历年平均贫化率为23.5%，近几年的贫化率为17%左右。

在每个采区的巷道端部挖掘一条切割巷道，在切割巷道中的上盘挖掘一条切割井，利用切割井为自由面，在切割巷道中凿中深孔，排距为1.4m左右，逐排爆破，中深孔使用YGZ-90型外回转重型凿岩机配台架，回采跑孔呈垂直扇形布置，排距1.4m左右，每排9个孔，孔径55~57mm，使用FZY-100型装药，单路导爆索、双火雷管起爆方法，每次爆破一排。

出矿采用电动装岩机进行配向-I型自行矿车，装矿至溜井。

30.4　选矿情况

30.4.1　选矿厂概况

云台山硫铁矿选矿厂于1978年施工，1985年建成并于当年5月开始试生产。综合年处理能力30万吨。

破碎为二段一闭路碎矿、磨矿为一段闭路磨矿、浮选为一粗一扫二精工艺、精矿脱水包括浓密和真空过滤。选矿厂工艺流程如图30-1所示。

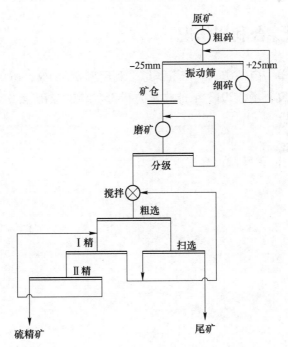

图30-1　云台山硫铁矿选矿厂选矿工艺流程

30.4.2　选矿工艺流程

30.4.2.1　破碎

原矿经由封闭式带式输送机运至碎矿车间，车间内设有一台重型扳式给料机，将-400mm 的原矿送至复摆颚式破碎机进行粗碎，粗碎后的矿石落入粗碎矿石皮带运输机，运至筛孔为 25mm 的自定中心振动筛；筛下料通过封闭式皮带运输机，运至磨矿工段；筛上料则落入另一条皮带运输机，送往弹簧圆锥破碎机进一步细碎；细碎后的矿石落入粗碎矿石皮带运输机，又返至 25mm 振动筛构成闭路碎矿。

碎矿车间产生的-25mm 碎矿，经封闭式皮带运输机送往密闭式碎矿仓中转后，再由封闭式皮带运输机送往磨矿车间。

30.4.2.2　磨矿

由碎矿车间送来的-25mm 碎矿石，经圆盘给矿机送往 MQY2721 溢流型球磨机与 2FG-15 高堰式螺旋分级机构成的一段闭路磨矿系统。分级溢流浓度为 38% ~ 42%、细度为-0.074mm 占40%。

30.4.2.3　浮选

浮选流程为一次粗选、二次精选、一次扫选。粗精矿顺次经过精选 I 和精选 II 两级精选后得到含硫为 45% 以上的精矿，精矿浆用泵输送到浓密脱水工段进行脱水处理。尾矿通过两级砂泵站输送到尾矿库。

30.4.2.4　精矿脱水

精矿浆首先泵入浓密脱水工段设置的 1 台周边辊轮式 TNB-15 型精矿浓密池浓缩，浓密后的精矿浆再经真空过滤机真空脱水后得到含水量约 10% 的硫精矿。

30.5　矿产资源综合利用情况

云台山硫铁矿为单一硫铁矿，矿产资源综合利用率 81.84%，尾矿含 S 1.18%。

废石集中堆存在废石场，2013 年排放量为 0.35 万吨。尾矿集中堆存在尾矿库，2013 年排放量为 6.55 万吨。

第4篇 钾盐矿

JIAYAN KUANG

31　察尔汗盐湖钾镁矿

31.1　矿山基本情况

　　察尔汗盐湖钾镁矿为开采钾盐、镁盐的大型矿山，主要共伴生组分有硼、锂、湖盐等，是中国最大的盐湖，也是世界上最著名的内陆盐湖之一，由霍布逊、察尔汗、达布逊和别勒湖 4 个区段组成，是第二批国家级绿色矿山试点单位。矿区位于青海省柴达木盆地南部，地跨海西蒙古族藏族自治州格尔木市和都兰县，距格尔木市北 60km，公路、铁路直通矿区，交通便利，为国家规划矿区。矿山开发利用简表详见表 31-1。

表 31-1　察尔汗盐湖钾镁矿开发利用简表

	矿山名称	察尔汗盐湖钾镁矿	地理位置	青海省海西州格尔木市、都兰县
基本情况	矿山特征	中国最大的盐湖，第二批国家级绿色矿山试点单位	矿床工业类型	钾镁盐矿床
地质资源	开采矿种	钾盐、镁盐	地质储量/万吨	9763.8
	地质品位/%	KCl：9		
开采情况	钾肥生产规模/万吨·年$^{-1}$	20	开采方式	露天开采
	开拓方式	采卤渠开采原卤，输卤渠将原卤输送到盐田滩晒	主要采矿方法	盐湖采矿法
	抽卤量/万立方米	6025.00	出矿品位/%	KCl：15.25
	光卤石开采量/万吨	183.00	开采深度(标高)/m	2681~2650
选矿情况	选矿厂规模/万吨·年$^{-1}$	150	选矿回收率/%	57.08
	主要选矿方法	冷分解—浮选		
	入选矿石量/万吨	183	原矿品位/%	KCl：15.25
	精矿产量/万吨	15	精矿品位/%	KCl：90.26

31. 2　地质资源

察尔汗盐湖钾镁矿盐湖东西长 160km，南北宽 20～40km，盐层厚约为 2～20m，海拔 2670m。湖中储藏着 $500×10^{12}$ t 以上的氯化钠，由霍布逊、察尔汗、达布逊和别勒湖 4 个区段组成，总面积 5856km^2，是一个以钾、镁盐为主，共伴生硼、锂、湖盐等多种有用组分，固、液相并存的大型综合性矿床，位于柴达木盆地中部，为国家规划矿区。规划区内盐湖矿产十分丰富，钾镁基础储量分别为 97638kt 和 1008461kt，资源量为 54301kt 和 578679kt，并含有可供综合利用的锂、硼、铷、溴、碘等组分，具有很好的资源保证。

察尔汗盐湖是中国最大的钾镁盐矿床，各种盐总储量超过 $600×10^{12}$ t。

31. 3　采矿情况

31. 3. 1　开采对象及范围

矿区位于察尔汗盐湖之东段，包括察尔汗区段东北部和霍布逊西北角，开采面积为 510. 32km^2。行政区划属青海省海西蒙古族藏族自治州格尔木市和都兰县。开采深度为 2681～2650m 标高。

开采范围内矿层单一，只有一层液体矿即 W1 晶间潜卤水钾矿层，无固体钾矿层，因此开采对象为 W1 晶间潜卤水矿层。开采范围内有 122b、2M21 和 2M22 五个储量块段，基本上以 288 勘探线为界，其西为 122b 储量块段，其东为 2M21 和 2M22 储量块段，各储量块段主要有益组分差异较大，形成相对高钾区和低钾区，从保有资源量上看，高钾区和低钾区保有资源量基本相当，为便于生产管理，两个区域同时开采，采卤规模各占一半。

31. 3. 2　开拓方式

利用采卤渠开采原卤，输卤渠将原卤输送到盐田滩日晒。通过日晒可得到较高品位的光卤石，采收之后送往加工厂进一步加工成产品。

矿区目前拥有三套采卤渠工程，即一工区采卤渠工程、二工区采卤渠工程和三工区采卤渠工程。一工区采卤渠工程布置在矿区的西侧，呈北西—南东走向，采卤渠道长 29. 063km；二工区采卤渠工程布置在矿区的西南角，采卤工程自南向北延伸，采卤渠道长 19. 614km；三工区采卤渠工程布置在矿区的中部，在矿区的南端一条东西走向的采卤渠，经采卤渠中部向北延伸，采卤渠道长 13. 57km；三个工区合计采卤渠道长 62. 24km。采卤渠渠深一般在 17. 7～21. 00m，呈倒梯形，上宽约 22. 00m，下宽约 2. 00m，基本贯通潜卤水富矿层。根据卤水浓度的分布，生产初期采卤工程主要布置在矿区西部和南部的高钾区，每天每公里采卤渠的平均出卤量为 4000m^3。采卤渠后期出卤量将逐渐减少，生产中根据需卤量的增加逐渐延长并开挖新的采卤渠。

输卤渠采用就地取岩盐填筑，采用 PE 复合土工膜防渗。根据输卤量、地形等条件，输卤渠纵坡取 0. 05‰，渠槽采用倒梯形断面，槽底宽 5～6m，槽深 2m，内边坡系数为 2，堤坝采用梯形断面，顶宽 2. 5m，外边坡系数为 1. 5。矿区的输卤工程为已有工程。一工区

输卤渠有两条，分别为一工区西输卤渠和一工区南输卤渠，大致呈7字形，盐田布置在
"7"字的东北角、协作湖的西北部位，输卤渠自盐田南部起分别向南、向西延伸，形成南
输卤渠与西输卤渠，南输卤渠长9.294km，西输卤渠长7.43km；二工区一条输卤渠，输
卤渠自盐田西南角起向南延伸，输卤渠长4.89km；三工区一条输卤渠，输卤渠自盐田西
南角起向西南延伸，输卤渠长7.87km；三个工区输卤渠总长为29.49km。输卤渠起点与
盐田入口标高平，因此生产初期卤水通过输卤渠直接流入盐田，随着盐田钠盐池结盐厚度
逐渐增厚，需设输卤泵站将原卤导入钠盐池。三个工区分别设置一座输卤泵站。

2015年抽取卤水量6025.00万立方米，灌卤量5407万立方米；年生产光卤石量为
183.00万吨，使用154.49万吨，库存157.3万吨。

31.4　选矿情况

31.4.1　氯化钾生产工艺

光卤石是一种不相称复盐（纯光卤石分子式$KCl \cdot MgCl_2 \cdot 6H_2O$），加工厂处理的原料
为盐田日晒光卤石矿（夹带部分氯化钠及水不溶物）。光卤石矿加淡水分解进行钾镁分离，
镁和少量氯化钾、氯化钠进入液相形成三盐共饱和分解母液，氯化钾、氯化钠及水不溶物
进入固相，其方程式为：

$$KCl \cdot MgCl_2 \cdot 6H_2O + NaCl + Ins. + H_2O \longrightarrow KCl + NaCl + Ins. + 分解液$$

目前氯化钾生产工艺采用冷分解—浮选法、冷结晶—浮选法和兑卤法等方法。

冷分解—浮选工艺，即光卤石在常温下分解去除氯化镁，底流经浮选去除氯化钠，再
经洗涤分离干燥得到氯化钾产品。

冷结晶—浮选工艺，即光卤石在结晶器完成分解结晶，浮选去除氯化钠，经过滤洗
涤，再分离干燥得到氯化钾产品。该工艺产品质量大幅度提高，回收率增加，最终产品为
结晶颗粒状。

兑卤法，即采用液体氯化钾矿经盐田蒸发、浓缩，再经兑卤得到的低钠光卤石而生产
氯化钾产品。

31.4.2　选矿厂概况

察尔汗盐湖钾镁矿选矿厂主要的加工方法为冷分解浮选法，其主要生产过程为用冷水
或冷母液溶解光卤石，使氯化钾、氯化镁全部进入液相，然后在浮选机中加入盐酸十八
胺，从而增加氯化钾矿物表面的疏水性，加入起泡剂鼓入空气后，浮选得到氯化钾，经过
滤、洗涤、干燥即可得到氯化钾产品，其产品中的KCl含量一般可达到90%以上。具体工
艺流程如图31-1所示。

目前选矿厂已经分成三个工区建立了4条氯化钾生产线，氯化钾年生产能力为20万
吨，其中一工区1条生产线为6万吨，二工区2条生产线为10万吨，三工区1条生产线为
4万吨。

2015年生产光卤石183.00万吨，生产钾肥为15万吨，平均品位90.26%，平均水分
7.1%，使用原矿平均KCl含量15.25%，回收率57.08%。选矿厂主要设备见表31-2。

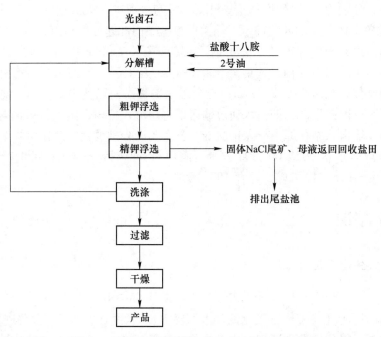

图 31-1　察尔汗盐湖钾镁矿选矿厂选矿工艺流程

表 31-2　察尔汗盐湖钾镁矿选矿厂主要设备

名　　称	型　　号	数量	单位
结晶器	φ9400	1	台
粗选浮选机	DF-8	10	套
精选浮选机	DF-4	14	套
干燥设备	GWM-400B	2	套

32   尕斯库勒湖钾矿

32.1   矿山基本情况

尕斯库勒湖钾矿为开采钾盐矿的小型矿山，无共伴生矿产。矿山成立于 2004 年。矿区位于青海省海西州茫崖行委，柴达木盆地西南缘，距茫崖行委 85km，距格尔木市 400km，距海西州 680km，交通较为便利。矿山开发利用简表详见表 32-1。

表 32-1   尕斯库勒湖钾矿开发利用简表

基本情况	矿山名称	尕斯库勒湖钾矿	地理位置	青海省海西州茫崖行委
	矿床工业类型	固液相并存的特大型石盐盐湖矿床		
地质资源	开采矿种	钾盐	地质储量/万吨	531.7
	矿石工业类型	硫酸盐型硫酸镁亚型	地质品位/%	2.12
开采情况	钾盐生产规模/万吨·年$^{-1}$	15	开采方式	露天开采
	主要采矿方法	盐湖采矿法	采出矿石量/万吨	60
选矿情况	选矿厂规模/万吨·年$^{-1}$	100	选矿回收率/%	65
	主要选矿方法	冷分解—浮选		
	入选矿石量/万吨	142	原矿品位/%	KCl：10
	钾肥产量/t	103217	精矿品位/%	KCl：90

32.2   地质资源

尕斯库勒湖是固液相并存的特大型石盐盐湖矿床，湖表卤水和晶间卤水十分丰富，卤水中富含钾和锂资源，水化学类型为硫酸盐型和硫酸镁亚型。尕斯库勒湖固体盐类矿物由石盐、水石盐、钾石盐、光卤石、水氯镁石、芒硝、无水芒硝、钙芒硝、石膏、杂卤石、白钠镁矾、泻利盐、六水泻盐、四水泻盐等沉积矿物组成。湖内各种盐类总储量 93828.76 万吨，其中氯化钾液体空隙度的储量是 974.16 万吨，固体氯化钾 1469.94 万吨，平均品位 2.12%，氯化钾总储量：2444.1 万吨，其中氯化钾可采储量为 531.7 万吨。

32.3   选矿情况

尕斯库勒湖钾矿选矿厂设计年选矿能力为 100 万吨，2006 年 10 月底试产成功，当年生产氯化钾 12000t，2007 年生产氯化钾 4 万吨。现已完成选矿能力为 15 万吨/年氯化钾浮选生产线，生产工艺采用冷分解—浮选工艺，设计氯化钾入选品位为 9%。主要产品氯化钾有 90%、93%、95%三种品位。

2015 年入选光卤石、钾混盐 142 万吨，平均入选品位 10%；生产钾肥 103217t，氯化钾含量 90%，选矿回收率 65%。

32.4 矿产资源综合利用情况

尕斯库勒湖钾矿为单一钾矿，矿产资源综合利用率 65.00%，尾矿 KCl 品位为 0.98%。

33 罗北凹地钾盐矿

33.1 矿山基本情况

罗北凹地钾盐矿为露天开采的大型矿山。矿山 2004 年 4 月开工建设，2008 年 11 月正式投产。矿区位于新疆维吾尔自治区巴音郭楞蒙古自治州若羌县，塔里木盆地东南，罗布泊北区，距若羌县城 190km，哈密北东 440km，公路、铁路直通矿区，交通比较方便。矿山开发利用简表详见表 33-1。

表 33-1 罗北凹地钾盐矿开发利用简表

基本情况	矿山名称	罗北凹地钾盐矿	地理位置	新疆维吾尔自治区巴音郭楞蒙古自治州若羌县
地质资源	开采矿种	钾盐	地质储量/万吨	8759.01
	地质品位/%	1.47%		
开采情况	矿山规模/万吨·年$^{-1}$	120（大型）	开采方式	露天开采
	开拓方式	联合运输开拓方式	主要采矿方法	盐湖采矿法
	采出矿石量/万吨	380.85	出矿品位/%	1.45
	开采回采率/%	65.02		
选矿情况	选矿厂规模/万吨·年$^{-1}$	硫酸钾厂：1640 试验厂：177.6	选矿回收率/%	65
	硫酸钾厂入选矿石量/万吨	光卤石：1095.98 钾混盐：798.28		
	试验厂入选矿石量/万吨	光卤石：112.9	原矿品位/%	KCl：6.91
		钾混盐：64.3	原矿品位/%	KCl：6.84
	钾肥产量/万吨	132.52		

33.2 地质资源

罗布泊罗北凹地液体钾盐矿，位于新疆维吾尔自治区塔里木盆地东南，为一特大型液体钾盐矿床，平面上呈似长方形状，矿区南北长约 60km，东西平均宽约 25km，在罗北凹地钾盐矿的东西两侧分布有东台地和西台地两处液体矿床，北面为低山，均以断层与罗北凹地接触。受喜马拉雅造山运动的影响，罗布泊盐湖区域构造运动极为强烈，断裂、裂隙构造及发育。根据罗布泊区域应力场分析，该区域压性及张性构造带方向为 280°和 10°，北北东向张性和扭性断裂比较发育，北北东向断裂组发育于罗布泊干盐湖北部。尤其是罗北凹地，为新生性张性断裂或断陷带，北北东向断裂及断陷带是控制罗北凹地形成和发展的主要构造，这些断陷带储存着丰富含钾卤水及低品位固体钾盐矿。罗布泊盐湖卤水属硫酸镁亚型，水化学组成特征与美国大盐湖相近，易于制取我国更紧缺的、高附加值硫酸钾产品。卤水储层岩性主要为钙芒硝岩，钙芒硝为菱板状结构，具有极好骨架。

矿区目前最大的勘探深度约为 160km，该深度以上地层为上更新统及全新统地层，湖相沉积，地层主要为层状-似层状，从上往下依次为盐类地层与碎屑沉积层相间隔，盐类地层主要为石盐及钙芒硝，偶含有石膏，一般厚数米至 30m，碎屑沉积层实际上为碎屑及化学混合沉积层，主要为含盐黏性土及含盐粉土，局部有含盐粉砂及细砂透镜体，层厚一般在 10m 以内，局部稍厚，化学沉积和碎屑沉积反映的是在沉积过程中盐湖的咸化和淡化变化。罗北凹地钾盐矿累计查明资源储量 8759.01 万吨，平均品位 1.47%。

33.3　选矿情况

罗北凹地钾盐矿建有硫酸钾厂与试验厂各一座，其中硫酸钾厂设计生产能力 1640 万吨/年，设计入选品位 6%；试验厂设计年生产能力 177.6 万吨，设计入选品位 6.7%。

2013 年，硫酸钾厂入选光卤石 1095.98 万吨、钾混盐 798.28 万吨，入选品位分别为 6.90%、5.11%。试验厂入选光卤石 112.9 万吨、钾混盐 64.3 万吨，入选品位分别为 6.91%、6.84%。硫酸钾厂与试验厂工艺流程分别如图 33-1 和图 33-2 所示。

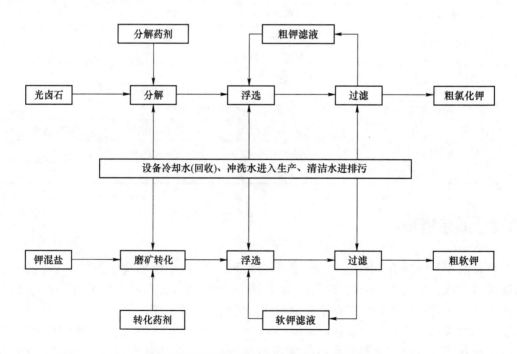

图 33-1　罗北凹地钾盐矿硫酸钾厂工艺流程

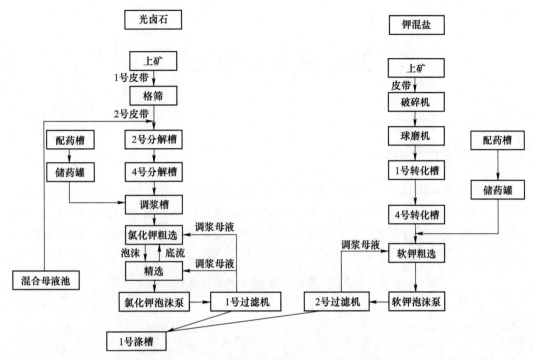

图 33-2 罗北凹地钾盐矿试验厂工艺流程

34　勐野井钾盐矿

34.1　矿山基本情况

勐野井钾盐矿为地下开采的大型矿山，共伴生组分有 NaCl、Br、石盐。矿山始建于 1976 年，1983 年投产。矿区位于云南省普洱市江城哈尼族彝族自治县，距江城县 38km，至普洱市 146km；经思茅至昆明约 580km，经江城、墨江至昆明约 435km，距建水火车站约 411km，交通较为便利。矿山开发利用简表详见表 34-1。

表 34-1　勐野井钾盐矿开发利用简表

基本情况	矿山名称	勐野井钾盐矿	地理位置	云南省普洱市江城县
	矿床工业类型	层状沉积型矿床		
地质资源	开采矿种	钾盐	地质储量/万吨	19025.9
	矿石工业类型	古代固体钾盐	地质品位/%	8.81
开采情况	矿山规模/万吨·年$^{-1}$	120（大型）	开采方式	地下开采
	开拓方式	竖井开拓	主要采矿方法	水平分层房柱采矿法
	采出矿石量/万吨	10.58	出矿品位/%	14.02
	废石产生量/万吨	21.7	开采回采率/%	63.02
	贫化率/%	3.02	开采深度（标高）/m	1014.6～-400
	掘采比/m·t^{-1}	0.024		

34.2　地质资源

34.2.1　矿床地质特征

矿区出露地层有下白垩统景星组（K_1j）、曼岗组（K_1m）、扒沙河组（K_1p），上白垩统勐野井组（K_2me），第三系（N）及第四系（Q）。其中，矿区所产出的盐矿均赋存于上白垩统勐野井组（K_2me）中。

含盐层主要分布在矿区东南部向斜两翼的勐野井组地层中。勐野井组上、下部各见一层组分特殊的泥砾岩，中部为单一的泥岩、粉砂岩，据此特征，将勐野井组划分为上（K_2me^3）、中（K_2me^2）、下（K_2me^1）三个岩性段。盐矿层主要赋存于含泥砾岩的上、下两个岩性段中，作为找矿标志称为上、下含盐层。

下含盐层分布于除北西方向外的盆地边缘，面积 25km^2，岩性以棕红色钙质粉砂岩为主，下部普遍夹泥砾岩透镜体，局部有青石膏层。厚度 30～85m，且由南向北逐渐增厚。

上含盐层分布于盆地中心及西北边缘一带，面积 13.7km²。主要岩性为粉砂岩、砂岩，下部夹少量泥砾岩，厚度小于 500m。在勐野井附近 3.5km² 的范围内由于基底长期保持均衡下沉，沉积了大量的钾、钠盐，累计厚度可达 1km 以上。

矿区盐矿产于上含盐层（K_2me^3）之中。

勐野井钾盐矿为层状沉积型矿床，钾矿层在石盐中的形态主要受盐厂背斜控制，呈一向 SW 倾没的鼻状背斜，背斜 SW 端受外力挤压而发生倒转，轴面倾向 SE，倾角 45°，近地表产状陡，深部缓。

全区岩层中共划分出含钾带 10 带，钾矿层 69 层，每一钾矿层在钻孔中又包含 1~5 个钾矿体。矿区最大钾矿层Ⅶ-4，水平面积 479600m²，钾矿层视厚度 1.53~26.00m，平均 10.64m；一般钾矿层水平面积 106360~234740m²，视厚度 6.07~9.16m；零星钾矿层水平面积 700~163625m²，视厚度 0.93~15.94m。

矿区钾盐矿体呈多层状产出，数量多，规模小，变化大，构造形态复杂。

勐野井钾盐矿石自然类型分为：青灰色钾盐岩、灰绿色泥砾质钾盐岩、棕红色-杂色泥砾质钾盐岩。其中，青灰色钾盐岩是目前矿山唯一能利用的矿石类型，占整个钾盐矿资源量的 38.45%，其余两类矿石由于水不溶物高，目前尚未利用。

矿石工业类型为古代固体钾盐，钾盐矿石中共伴生有益组分有：NaCl、Br、石盐、KCl 等。

34.2.2 资源储量

勐野井钾盐矿采矿权范围内，累计查明钾盐矿石资源储量 19025.9 万吨，KCl 资源储量 1676.04 万吨，地质品位 8.81%。

34.3 开采情况

34.3.1 矿山采矿基本情况

勐野井钾盐矿为地下开采的大型矿山，采用竖井开拓，使用的采矿方法为水平分层房柱法。矿山设计年生产能力 120 万吨，设计开采回采率为 51%，设计贫化率为 5%，钾盐设计出矿品位为 9.83%，钾盐矿最低工业品位为 6%。

34.3.2 矿山实际生产情况

2013 年，矿山实际出矿量 10.58 万吨，废石排放量 21.7 万吨。矿山开采深度为 1014.6~-400m 标高。具体生产指标见表 34-2。

表 34-2　2013 年勐野井钾盐矿实际生产情况

采矿量/万吨	开采回采率/%	出矿品位/%	贫化率/%	掘采比/米·万吨⁻¹
10.58	63.02	14.02	3.02	0.024

34.3.3 采矿技术

目前，矿山采用地下开采方式，竖井开拓，上下山布置方式，水平分层房柱开采工艺，竖井采用箕斗提升，副井采用罐笼提升，井下运输大巷采用 10t 架线机车运输，沿矿层走向长布置盘区或矿块开采，采矿工艺浅眼放炮落矿，工作面自溜，不稳定的顶板采用锚杆支柱或留矿柱控顶，采用废碴充填法管理顶板。机械通风，机械排水。

34.4　选矿情况

勐野井钾盐矿选矿厂年选矿能力为 120 万吨，设计入选品位为 11%，最大入磨粒度为 40mm。2013 年选矿厂入选矿石 10.58 万吨，入选品位 14.02%，选矿产品 KCl 含量 89.99%，选矿回收率 63.70%。

34.5　矿产资源综合利用情况

勐野井钾盐矿为单一钾矿，矿产资源综合利用率 40.01%，尾矿 KCl 品位为 3.20%。

尾矿集中堆存在尾矿库，2013 年排放量为 9.47 万吨。尾矿利用率为零，处置率为 100%。

第5篇　石墨矿

SHIMO KUANG

35 奥宇石墨矿

35.1 矿山基本情况

奥宇石墨矿为露天开采的大型矿山，无共伴生矿产。矿山始建于 2006 年 10 月，2008 年 10 月投产。矿区位于黑龙江省鹤岗市萝北县，距萝北县城 45km，至云山林场、萝北县有公路相通，交通较为方便。矿山开发利用简表详见表 35-1。

表 35-1 奥宇石墨矿开发利用简表

基本情况	矿山名称	奥宇石墨矿	地理位置	黑龙江省鹤岗市萝北县
	矿床工业类型	沉积变质鳞片状晶质石墨矿床		
地质资源	开采矿种	石墨矿	地质储量/万吨	44.63
	矿石工业类型	晶质（或鳞片状）石墨	地质品位/%	10.5
开采情况	矿山规模/万吨·年$^{-1}$	10（大型）	开采方式	露天开采
	开拓方式	汽车运输公路开拓	主要采矿方法	组合台阶采矿法
	采出矿石量/万吨	1.5	出矿品位/%	10.19
	废石产生量/万吨	0.75	开采回采率/%	99
	剥采比/t·t^{-1}	0.5	开采深度（标高）/m	360~280
选矿情况	选矿厂规模/万吨·年$^{-1}$	100	选矿回收率/%	74.58
	主要选矿方法	浮选		
	入选矿石量/万吨	70	原矿品位/%	10.19
	精矿产量/万吨	5.6	精矿品位/%	95
	尾矿产生量/万吨	64.4	尾矿品位/%	2.82
综合利用情况	综合利用率/%	73.10	废石处置方式	修尾矿库
	废石利用率/%	100	尾矿处置方式	尾矿库堆存
	尾矿利用率	0	尾矿排放强度/t·t^{-1}	11.5
	废石排放强度/t·t^{-1}	0.13		

35.2 地质资源

35.2.1 矿床地质特征

奥宇石墨矿矿床为沉积变质鳞片状晶质石墨矿，矿石为晶质（或鳞片状）石墨。石墨矿为单一矿产，没有共伴生矿产，为大型矿床规模。矿石自然类型为石墨片岩型矿石与石英石墨片岩型矿石。

矿石结构为鳞片-粒状变晶结构和嵌晶变晶结构。矿石构造以片状构造为主，其次为片麻状构造，局部因片状矿物定向不明显而呈块状构造。

矿石中主要矿物成分为石墨、石英、斜长石、云母、金属硫化物。

矿石矿物单一，为石墨。石墨一般含量 3%～20%。呈晶质鳞片状，片经一般在 0.1～1.3mm，最大可达 2mm。

脉石矿物主要有石英、斜长石、云母及少量金属硫化物等。

石英为主要脉石矿物。含量占 30%～50%，最多 80%。它形粒状，部分集合体呈不规则团块状或脉状，粒径在 0.2～1.5mm 之间。

斜长石为主要脉石矿物。平均含量占 30%～45%，最多 55%。半自形或它形粒状，定向或半定向分布在矿石中，粒径在 0.3～1.0mm 之间。斜长石普遍具有黝帘石化。

云母与石墨共生，主要为白云母。平均含量占 5%，最多 10%。片径略大于石墨，与石墨共同呈平行定向、断续的排列在矿石中，形成片麻理或片理。此外见有少量绢云母。

矿石中金属硫化物基本为磁黄铁矿和黄铁矿，呈浸染状或微细脉状产出。

矿石化学组分中主要有用组分 C，一般含量 9%～17% 之间，局部最高 25%。其他化学组分 SiO_2 平均值为 55.30%、Al_2O_3 平均值为 11.36%、CaO 平均值为 4.8%、MgO 平均值为 2.55%、K_2O 平均值为 2.83%、Na_2O 平均值为 0.47%、TiO_2 平均值为 0.56%、水分平均值为 1.14%、挥发分平均值为 2.88%。

伴生有益组分：Au 0.05～0.07g/t、Ag 0.93～1.20g/t、V_2O_5 0.10%。Au、Ag、V 有益伴生组分含量均较低，无综合回收价值。

伴生有害组分：S 0.04%～1.12%、P 0.15%、Fe_2O_3 6.21%～9.40%。S、P、Fe 有害组分地表变化大于地下。在地表 S 大部分被风化淋失掉，在地下形成以黄铁矿为主的金属硫化物。常呈脉状穿插于石墨鳞片之间或呈微细粒浸染状附着于石墨鳞片表面，在一定程度上增加选矿难度，尤其对原生矿石。P 的含量极低，不影响选矿。

35.2.2　资源储量

奥宇石墨矿为单一石墨矿产，没有共伴生矿产。累计查明石墨矿石资源储量为 44.63 万吨，查明石墨矿物量为 4.69 万吨，石墨矿平均地质品位为 10.5%。

35.3　开采情况

35.3.1　矿山采矿基本情况

奥宇石墨矿为露天开采的矿山，采用公路运输开拓，使用的采矿方法为组合台阶采矿法。矿山设计年生产能力 10 万吨，设计开采回采率为 95%，设计贫化率为 5%，设计出矿品位（固定碳 C）7%，最低工业品位（固定碳 C）为 7%。

35.3.2　矿山实际生产情况

2013 年，矿山实际出矿量 1.5 万吨，排出废石 0.75 万吨。矿山开采深度为 360～280m 标高。具体生产指标见表 35-2。

表 35-2　2013 年奥宇石墨矿实际生产情况

采矿量/万吨	开采回采率/%	出矿品位/%	贫化率/%	露天剥采比/t·t⁻¹
1.5	99	10.19	0	0.5

35.3.3　采矿技术

由于石墨矿体位于山坡上，厚度大，埋藏不深，上盘剥离量较小，矿体中夹层很少，水文地质简单，工程地质条件中等，岩矿比较稳定，故采用露天开采，采用汽车运输公路开拓，采矿方法为铲运机采矿，采用台阶式开采。矿山利用潜孔穿孔作业，采用台阶式深孔微差爆破方式落矿。二次破碎采用液压破碎锤破碎。采用挖掘机、轮式装载机装矿，汽车运输。矿山主要采矿设备见表 35-3。

表 35-3　奥宇石墨矿主要采矿设备

序号	设备名称	设备型号	数量/台
1	变压器	200KVA	1
2	空气压缩机	XAVS900CD7	2
3	气动钻机	CL351	2
4	装载机	ZL50C	5
5	挖掘机	210	1
6	挖掘机	220	1
7	自卸汽车	15t、20t	30
8	推土机	T165-1	2

35.4　选矿情况

35.4.1　选矿厂概况

奥宇石墨矿选矿厂为萝北南海石墨有限公司选矿厂，由 4 家石墨选矿企业参股组成。选矿厂设计年处理矿石能力为 100 万吨，设计入选品位为 11.2%，最大入磨粒度为 20mm，磨矿细度为 -0.15mm 占 80%。2011 年实际选矿 70 万吨，其中外购矿石 50 万吨，入选品位为 10.19%，选矿方法为浮选。选矿产品晶质鳞片石墨品位为 95%，选矿回收率为 75%，选矿产品的产率为 8%。选矿耗水量为每吨原矿 5t，选矿耗新水量为每吨原矿 1.5t，选矿耗电量为每吨原矿 37kW·h，每吨原矿磨矿介质损耗为 0.73kg。

35.4.2　选矿工艺流程

35.4.2.1　破碎筛分流程

石墨原矿自矿山开采出来后一般粒径在 0.2~0.8m 之间，选矿前需要进行细碎，才能进入粗磨机。

大粒径矿石通过给矿设备进入颚式破碎机粗碎,用皮带运输机输送到细碎破碎机细碎,进入储料仓备用。

35.4.2.2 粗磨

储料仓中矿石通过皮带运输机、电振给料器给入球磨机与分级机构成的闭路磨矿,入磨粒度一般在 10~20mm。

粗磨球磨机把矿石磨至 -0.074mm 占 50%~60% 时通过分级机分级,分级机返砂再磨。合格磨矿产品进入搅拌桶加入搅拌给药剂。

35.4.2.3 浮选

矿浆在搅拌槽中经过机械搅拌,加入捕收剂和起泡剂。矿浆经过加药调浆后进入粗选作业。粗选品位一般在 38%~50% 之间。

粗选精矿进入"阶段磨矿、阶段选别"流程,通过 11 次精选得到 95%~96% 产品品位。

35.4.2.4 脱水及烘干

精矿进入料罐,分流到脱水设备进行脱水处理,水分一般在 25%~33% 之间,脱水后的精矿通过运输机械进到烘干设备中进行烘干,烘干的产品达到小于 0.5% 的水分,通过筛分设备管道进入分目工序。

含有部分精矿的水将由精矿泵重新输送到 6 次精选位置后再次进行精选流程。脱水后的石墨由螺旋绞龙输送至烘干机。烘干机热源采用型煤燃料。

35.4.2.5 筛分及包装

物料经过筛分,分出不同规格目数,分批进入产品库房。筛分过程中所产生的粉尘通过除尘设备回收,有利保持环境清洁,减少污染。分目种类为 +80 目、+100 目、-100 目、-200 目。物料输送方式采用真空输送,将物料从烘干机中输送到筛分机上方的料仓,输送管路采用不锈钢装饰管。

35.4.2.6 拌料发运

产品在库房码垛后,根据客户要求订购的品位、目数、粒度,用成品库的产品进入配比混料。经最终质检化验合格后签单出库,发运。选矿设备型号及数量见表 35-4。

表 35-4 奥宇石墨矿选矿厂主要设备

序号	设备名称	设备型号	数量/台	序号	设备名称	设备型号	数量/台
1	颚式破碎机	PE-900×1200	2	12	搅拌槽	RJ-3150	2
2	圆锥破碎机	PYB1750	2	13	浮选机-粗选	XJQ-160	8
3	圆锥破碎机	PYD1750	2	14	浮选机-扫选	XJQ-160	12
4	圆振筛	YA2460	2	15	球磨机	MQY1530	2
5	给矿机	CB900×2100	2	16	沙磨机	SK120-1	12
6	皮带输送机	B800×26M	2	17	浮选机	XJQ-80	20
7	给矿机	CB600×1400	2	18	浮选机	SF4+JJF4	20
8	皮带输送机	B600×8M	2	19	浮选机-中矿扫选	SF4+JJF4	6
9	球磨机	MQG2731	2	20	板框压滤机	液压 1000 型 120m²	4
10	分级机	2FG-20	2	21	间接式转筒干燥机	JZTϕ2.1×21	2
11	球磨机	MQY2145	2	22	高方筛	24 层	4

35.5 矿产资源综合利用情况

奥宇石墨矿为单一石墨矿，矿产资源综合利用率 73.10%，尾矿品位 2.82%。

废石集中堆存在废石场，截至 2013 年年底，废石场累计堆存废石零。废石利用率为 100%，处置率为 100%。

尾矿集中堆存在尾矿库，截至 2013 年年底，尾矿库累计堆存尾矿 285 万吨。尾矿利用率为零，处置率为 100%。

36　牧场沟石墨矿

36.1　矿山基本情况

牧场沟石墨矿为露天开采的大型矿山，无共伴生矿产。矿山成立于 2004 年，是由原瑞盛、晶莹、牧场沟等石墨矿生产企业整合而成的。矿区位于内蒙古自治区乌兰察布市兴和县，至周边主要城镇之间均有公路，北行 45km 至兴和县政府所在地城关镇，沿 110 国道西行 75km 可达乌兰察布市集宁区，北行经南湾、新平堡转向东行 15km 处为 110 国道，到达京包线天镇火车站全程 60km，交通较方便。矿山开发利用简表详见表 36-1。

表 36-1　牧场沟石墨矿开发利用简表

基本情况	矿山名称	牧场沟石墨矿	地理位置	内蒙古兴和县
	矿床工业类型	沉积变质型石墨矿床		
地质资源	开采矿种	石墨矿	地质储量/万吨	5721.09
	矿石工业类型	片麻岩型石墨矿	地质品位/%	4
开采情况	矿山规模/万吨·年$^{-1}$	200（大型）	开采方式	露天开采
	开拓方式	公路运输开拓	主要采矿方法	组合台阶采矿法
	采出矿石量/万吨	31.53	出矿品位/%	3.53
	废石产生量/万吨	117.87	开采回采率/%	95
	贫化率/%	9	开采深度（标高）/m	1877~1488
	剥采比/t·t^{-1}	3.74		
选矿情况	选矿厂规模/万吨·年$^{-1}$	32	选矿回收率/%	83
	主要选矿方法	浮选		
	入选矿石量/万吨	29.95	原矿品位/%	3.41
	精矿产量/万吨	0.88	精矿品位/%	95.94
	尾矿产生量/万吨	29.07	尾矿品位/%	0.60
综合利用情况	综合利用率/%	78.85	废水利用率/%	96
	废石排放强度/t·t^{-1}	133.94	废石处置方式	排土场堆存
	尾矿排放强度/t·t^{-1}	33.03	尾矿处置方式	尾矿库堆存

36.2 地质资源

36.2.1 矿床地质特征

牧场沟石墨矿矿床为沉积变质型石墨矿床。大地构造单元属华北地台内蒙古台隆凉城断隆，北东大陆边缘前寒武纪背斜轴线上，主要出露太古界深变质岩，属内蒙古最古老的地层。

出露地层主要有中太古界集宁（岩）群（Ar2j）、古近系和新近系（E）及第四系（Q）。

中太古界集宁（岩）群（Ar2j）：出露不全，岩性主要为矽线（堇青）榴石钾长（斜长）片麻岩、含紫苏黑云斜长片麻岩、石墨片麻岩，夹浅粒岩、变粒岩、麻粒岩、斜长角闪岩、辉石岩及含石墨透辉大理岩。

古近系和新近系（E）：南北向展布。岩性主要为杆栏玄武岩夹砂砾石、黏土组成。

第四系（Q）：第四系更新统呈东西向展布。组成山前第一级洪积扇，岩性以砂砾石为主，扇的边缘有土状堆积物，厚度大于 100m。

第四系全新统呈东西向展布。为现代河流堆积物，分布于河床及河漫滩。岩性主要为砂、砾石夹淤泥。

区内侵入岩主要为前震旦纪侵入岩和燕山期侵入岩。

矿区总体构造形态为区域向斜构造的西南转折端，整体表现为一向斜构造。断裂构造发育，但规模小，断距不明显。

矿石呈灰褐色，风化面呈灰白色，局部被铁质薄膜染成黄褐色。矿石结构为鳞片粒状变晶结构，矿石构造为片麻状构造。局部由于混合岩化作用，长英质细脉沿片麻理贯入，形成条带状构造。

矿石自然类型为晶质鳞片状石墨矿。矿石工业类型属片麻岩型石墨矿。隐晶质石墨仅在局部构造破碎带中出现。

36.2.2 资源储量

牧场沟石墨矿为单一石墨矿，没有共伴生有价元素。矿山累计查明资源储量（矿石量）5721.09 万吨，平均地质品位 4%左右。

36.3 开采情况

36.3.1 矿山采矿基本情况

牧场沟石墨矿为露天开采的矿山，采用公路运输开拓，使用的采矿方法为组合台阶采矿法。矿山设计年生产能力 200 万吨，设计开采回采率为 92%，设计贫化率为 8%，设计出矿品位（固定碳 C）3.78%，最低工业品位（固定碳 C）为 3.4%。

36.3.2　矿山实际生产情况

2013 年，矿山实际采矿量 31.53 万吨，排出废石 117.87 万吨。矿山开采深度为 1877～1488m 标高。具体生产指标见表 36-2。

表 36-2　2013 年牧场沟石墨矿实际生产情况

采矿量/万吨	开采回采率/%	出矿品位/%	贫化率/%	露天剥采比/t·t⁻¹
31.53	95	3.53	9	3.74

36.4　选矿情况

牧场沟石墨矿选矿厂选矿方法为单一浮选工艺，设计年选矿能力为 32.00 万吨，设计主矿种（固定碳）入选品位 3.70%，最大入磨粒度 20mm，磨矿细度 -0.074mm 占 40%。

2011 年入选矿石量 31.09 万吨，入选品位（固定碳）3.74%，选矿回收率为 69.30%。

2013 年入选矿石量 29.95 万吨，入选品位（固定碳）3.41%，选矿回收率为 83.00%。

36.5　矿产资源综合利用情况

牧场沟石墨矿为单一石墨矿，矿产资源综合利用率 78.85%，尾矿品位 0.60%。

废石集中堆存在废石场，截至 2013 年年底，废石场累计堆存废石 1340.67 万吨，2013 年排放量为 117.87 万吨。废石利用率为 15.09%，处置率为 100%。

尾矿集中堆存在尾矿库，截至 2013 年年底，尾矿库累计堆存尾矿 138.20 万吨，2013 年排放量为 29.07 万吨。尾矿利用率为零，处置率为 100%。

37 柳毛石墨矿

37.1 矿山基本情况

柳毛石墨矿为露天开采的大型矿山，无共伴生矿产。矿山始建于1937年4月，投产时间为1938年6月。矿区位于黑龙江省鸡西市恒山区，距鸡西市18km，距柳毛火车站北东3.5km。矿区内有公路通往鸡西市，交通方便。矿山开发利用简表详见表37-1。

表 37-1 柳毛石墨矿开发利用简表

基本情况	矿山名称	柳毛石墨矿	地理位置	黑龙江省鸡西市恒山区
	矿床工业类型	沉积变质鳞片状晶质石墨矿床		
地质资源	开采矿种	石墨矿	地质储量/万吨	20448.98
	矿石工业类型	晶质（或鳞片状）石墨	地质品位/%	10.32
开采情况	矿山规模/万吨·年$^{-1}$	35.8（大型）	开采方式	露天开采
	开拓方式	公路运输开拓	主要采矿方法	组合台阶采矿法
	采出矿石量/万吨	76	出矿品位/%	9.5
	废石产生量/万吨	182.4	开采回采率/%	98
	贫化率/%	12.04	开采深度（标高）/m	415~305
	剥采比/t·t^{-1}	2.4		
选矿情况	选矿厂规模/万吨·年$^{-1}$	32	选矿回收率/%	90
	主要选矿方法	三段破碎—阶段磨矿阶段浮选		
	入选矿石量/万吨	76	原矿品位/%	9.5
	精矿产量/万吨	6.76	精矿品位/%	95.5
	尾矿产生量/万吨	69.24	尾矿品位/%	1.10
综合利用情况	综合利用率/%	88.20	废水利用率/%	98
	废石排放强度/t·t^{-1}	26.98	废石处置方式	排土场堆存及外销
	尾矿排放强度/t·t^{-1}	10.24	尾矿处置方式	尾矿库堆存
	废石利用率/%	5.48	尾矿利用率/%	0

37.2　地质资源

37.2.1　矿床地质特征

柳毛石墨矿矿床为沉积变质鳞片状晶质石墨矿床,矿石工业类型为晶质(或鳞片状)石墨,矿床规模为大型。矿山已开采的矿段内有两条主要矿体,矿体编号为Ⅶ、Ⅷ,矿体走向长度为 700~900m,矿体倾角为 30°~45°,矿体厚度为 150~160m,赋存深度为 16~20m,矿体属稳固矿岩,围岩稳固,矿床水文地质条件简单。

矿石自然类型包括钒榴石墨矿、矽线石墨矿、透辉石墨矿、石英石墨矿。

矿石结构为鳞片变晶结构,矿石构造主要为片状构造,其次为片麻状构造及块状构造。

矿石中主要矿物成分为石墨、石英、斜长石、云母、矽线石、透辉石、石榴石、方解石、金属硫化物。石墨呈灰黑色至深灰色,鳞片状,低硬度,比重 2.24g/cm³,有滑感,易污手。人工重砂回收的石墨,大于 0.25mm 的片径约占 20%,片径一般在 0.063~0.25mm 之间,少数小于 0.03mm。石墨多呈片状集合体断续分布在脉石矿物或其他矿物的颗粒之间,构成矿石片状构造或片麻状构造。石墨与其他矿物之间的界线多圆滑或平直,少数呈不规则状或相互穿插关系,如黄铁矿呈细脉状穿插石墨。

矿石化学成分中主要有用组分为 C,一般含量在 5.41%~15.9% 之间,其他化学成分含量区间为:SiO_2 48.24%~50.56%、Al_2O_3 8.29%~11.99%、CaO 9.67%~16.36%、MgO 2.02%~4.12%、K_2O 1.4%~4.18%、Na_2O 0.14%~0.46%、TiO_2 0.4%~0.68%、V_2O_5 0.1%~1.27%、Fe_2O_3 4.14%~7.96%、S 0.33%~3.33%、烧失量 10.69%~18.86%。

石墨矿石中有害组分主要是硫、磷,但基本没有超出工业要求。矿石中硫与磷的赋存矿物为金属硫化物及磷灰石。

37.2.2　资源储量

石墨矿为单一矿产,截至 2013 年年底,矿山保有石墨矿石资源储量 20448.98 万吨,保有石墨矿物量 2110.60 万吨,平均地质品位为 10.32%。

37.3　开采情况

37.3.1　矿山采矿基本情况

柳毛石墨矿为露天开采的矿山,采用公路运输开拓,使用的采矿方法为组合台阶采矿法。矿山设计年生产能力 35.8 万吨,设计开采回采率为 92%,设计贫化率为 8%,设计出矿品位(固定碳 C)10.8%,最低工业品位(固定碳 C)为 6%。

37.3.2　矿山实际生产情况

2013 年,矿山实际出矿量 76 万吨,排出废石 182.4 万吨。矿山开采深度为 305~415m 标高。具体生产指标见表 37-2。

表 37-2 2013 年柳毛石墨矿实际生产情况

采矿量/万吨	开采回采率/%	出矿品位/%	贫化率/%	露天剥采比/t·t⁻¹
76	98	9.5	12.04	2.4

37.3.3 采矿设备

矿山主要采矿设备明细见表 37-3。

表 37-3 柳毛石墨矿主要采矿设备

序号	设备名称	设备型号	数量/台
1	潜孔钻	YQ-150	1
2	潜孔钻	KQG-150	1
3	潜孔钻	KQ150	1
4	潜孔钻	KQG-100	1
5	空气压缩机	5L-40/8	1
6	空气压缩机	4L-20/8	1
7	压风机	PESJ830	2
8	压风机	LUV245DB	2
9	变压器	S9315/10	3
10	变压器	S9500/10	3
11	铲车		2
12	铲车		2
13	挖掘机	WD400	3
14	推土机	T165-1	2
15	液压破碎锤		1
16	自卸汽车	20t	12

37.4 选矿情况

37.4.1 选矿厂概况

鸡西市柳毛石墨矿选矿厂设计年处理矿石能力为 32 万吨，设计入选品位为 10.8%，最大入磨粒度为 20mm，磨矿细度为 -0.15mm 占 65%。选矿方法为浮选法，选矿产品为晶质鳞片石墨，2013 年选矿产品品位为 95.5%，选矿回收率为 90%。2013 年矿山选矿情况见表 37-4。

表 37-4　2013 年柳毛石墨选矿厂选矿情况

入选 矿石量 /万吨	入选品位 /%	选矿 回收率 /%	每吨原矿 选矿耗水量 /t	每吨原矿 选矿耗新水量 /t	每吨原矿 选矿耗电量 /kW·h	每吨原矿 磨矿介质损耗 /kg	选矿产品 产率 /%
76	9.5	90	6.5	1	50	0.5	8.9

37.4.2　选矿工艺流程

石墨矿石采用集中三段破碎的方式，其中粗碎采用颚式破碎机，中、细碎采用圆锥破碎机，破碎的最终粒度小于 20mm。

一段磨矿采用格子型球磨机，中间磨矿采用的主要设备有溢流型球磨机、大型湿式立磨机、振动磨等磨矿设备。采用阶段磨矿阶段浮选的流程，经过七磨十一选（工艺流程见图 37-1）得到石墨精矿。精矿经脱水、烘干、筛分、称重、包装等工序成为最终产品入库。

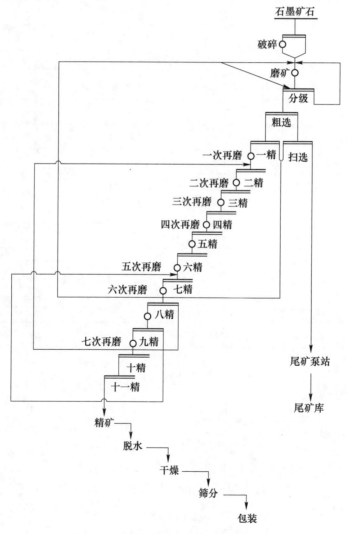

图 37-1　鸡西市柳毛石墨矿选矿工艺流程

37.4.3　新技术新工艺应用

为提高晶质石墨鳞片正目，选矿厂采用天然石墨湿式筛分及浓相输送技术。

37.4.3.1　湿式筛分

在石墨选别工艺的磨浮流程中，随着精选次数的增加，石墨产品的品位不断提高，选择大鳞片晶质石墨在达到碳含量要求的工序，进行精矿湿式筛分，将石墨产品中的大鳞片晶质石墨直接分离出来，避免合格的正目产品在后序的磨浮工序中被破坏，从而达到保护天然大鳞片晶质石墨，提高正目产出率，提高经济效益的目的。

湿式筛分是在原工艺流程中第五次精选后处进行，将原工艺流程中的第五次精选精矿进入湿式筛分厂房，直接对石墨矿浆通过湿式筛分进行分级，分出矿浆中的大鳞片石墨，并使筛上、筛下两个级别的产品均符合产品粒度要求。通过湿式分级后的筛下物进入原流程继续进行选别，筛上合格的正目产品进行脱水、烘干、分级、包装等工序成为最终产品。湿式筛分技术改造的工艺流程如图 37-2 所示。

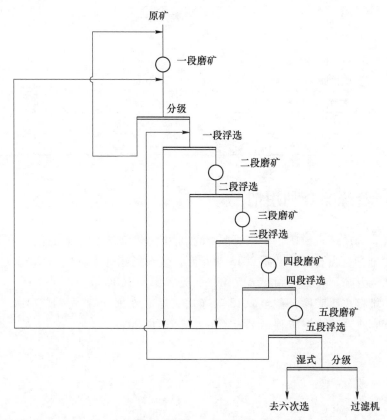

图 37-2　鸡西市柳毛石墨选矿湿式筛分技术改造工艺流程

37.4.3.2　浓相输送

浓相输送是一种正压的石墨输送方式，是石墨进入特制输送罐内充入少量压缩空气，在压缩空气作用下，使石墨与压缩空气充分混合，达到流体化状态，通过风运管把石墨输送到矿仓。再利用原来用于石墨分级的高方筛进行除渣，然后进行包装成为石墨产品。这种石墨输送方式特点是气固比高,使尾气排放量由原来的 11000m³/h 降低到 20m³/h,节能降耗,从而使尾气的固体粉尘含量降低 3000t/a。

通过采用该项新技术、新工艺,石墨正目提取率比原来提高 3.65%,选矿回收率提高 5.34%。

选矿厂主要设备型号及数量见表 37-5。

表 37-5　鸡西市柳毛石墨矿选矿厂主要设备型号及数量

序号	设备名称	设备型号	数量/台
1	颚式破碎机	PE900×1200	1
2	圆锥破碎机	PYY1650/285	2
3	球磨机	MQG2745	1
4	球磨机	MQY2130	3
5	螺旋分级机	ϕ2200×3400	6
6	浮选机	JJF-8	32
7	浮选机	JJF-4	34
8	浮选机	SF-4	40
9	浮选机	XJK	160
10	过滤机	GD-12	6
11	振动磨	ZM-600	6
12	转筒烘干机	ϕ2.5×25000	4
13	大立磨	4M3	32

37.5　矿产资源综合利用情况

柳毛石墨矿为单一石墨矿,矿产资源综合利用率 88.20%,尾矿品位 1.10%。

废石集中堆存在废石场,截至 2013 年年底,废石场累计堆存废石 2282 万吨,2013 年排放量为 182.4 万吨。废石利用率为 5.48%,处置率为 100%。

尾矿集中堆存在尾矿库,截至 2013 年年底,尾矿库累计堆存尾矿 1414.8 万吨,2013 年排放量为 69.24 万吨。尾矿利用率为零,处置率为 100%。

38 普晨石墨矿

38.1 矿山基本情况

普晨石墨矿为露天开采的大型矿山，无共伴生矿产。矿山始建于1991年2月，投产时间为2005年3月。矿区位于黑龙江省鸡西市恒山区，距鸡西市18km，距柳毛火车站北东3.5km。矿区内有公路通往鸡西市，交通方便。矿山开发利用简表详见表38-1。

表38-1 普晨石墨矿开发利用简表

基本情况	矿山名称	普晨石墨矿	地理位置	黑龙江省鸡西市恒山区
	矿山特征	第四批国家级绿色矿山试点单位	矿床工业类型	区域变质石墨矿床
地质资源	开采矿种	石墨矿	地质储量/万吨	1024.38
	矿石工业类型	晶质（或鳞片状）石墨	地质品位/%	8.16
开采情况	矿山规模/万吨·年$^{-1}$	10（大型）	开采方式	露天开采
	开拓方式	公路运输开拓	主要采矿方法	组合台阶采矿法
	采出矿石量/万吨	24.33	出矿品位/%	5.38
	废石产生量/万吨	72.99	开采回采率/%	95.5
	贫化率/%	25.7	开采深度（标高）/m	475~360
	剥采比/t·t^{-1}	3		
选矿情况	选矿厂规模/万吨·年$^{-1}$	50	选矿回收率/%	80
	主要选矿方法	两段—闭路破碎—阶段磨矿阶段浮选		
	入选矿石量/万吨	24.33	原矿品位/%	5.38
	精矿产量/万吨	1.12	精矿品位/%	93.56
	尾矿产生量/万吨	23.21	尾矿品位/%	1.28
综合利用情况	综合利用率/%	76.40	废水利用率/%	100
	废石利用率/%	17.95	尾矿利用率/%	0
	废石排放强度/t·t^{-1}	65.17	废石处置方式	排土场堆存及外销
	尾矿排放强度/t·t^{-1}	20.72	尾矿处置方式	尾矿库堆存

38.2 地质资源

38.2.1 矿床地质特征

普晨石墨矿为区域变质石墨矿床，矿石工业类型为晶质（或鳞片状）石墨。矿区在大地构造上位于兴凯湖-不列亚山地块区老爷岭地块（Ⅴ)-佳木斯隆起上的麻山隆起内。中生代形成鸡西凹陷（$V_{5\text{-}12}$)。地层分区属佳木斯小区。区域上在大面积分布的中生界煤系地层中间，由于东西向的断裂作用，出露太古界麻山群的西麻山组（Arx）和余庆组（Ar_2Y)。石墨矿处在太古界麻山群的西麻山组内。

石墨矿自然类型为石墨斜长片麻岩、斜长石墨片岩。而含石墨斜长变粒岩为低品位矿石。

矿区内的石墨斜长片麻岩、斜长石墨片岩、含石墨变粒岩均为石墨矿体。

矿石工业品位为3%~15%，特征为灰色-褐色，中-粗粒变晶结构，片麻状构造。主要矿物成分由石墨、石英、钾长石、斜长石、黑云母等组成。矿石品位相差较大，可选性较好。

38.2.2 资源储量

普晨石墨矿为单一矿产。矿山累计查明石墨矿石资源量1024.38万吨，石墨矿物量83.60万吨，石墨矿平均地质品位（固定碳C）为8.16%。

38.3 开采情况

38.3.1 矿山采矿基本情况

普晨石墨矿为露天开采的大型矿山，采用公路运输开拓，使用的采矿方法为组合台阶采矿法。矿山设计年生产能力10万吨，设计开采回采率为77%，设计贫化率为13%，设计出矿品位（固定碳C）7.24%，最低工业品位（固定碳C）为5%。

38.3.2 矿山实际生产情况

2013年，矿山实际出矿量24.33万吨，排出废石72.99万吨。矿山开采深度为475~360m标高。具体生产指标见表38-2。

表38-2 2013年普晨石墨矿实际生产情况

采矿量/万吨	开采回采率/%	出矿品位/%	贫化率/%	露天剥采比/t·t⁻¹
24.33	95.5	5.38	25.7	3

38.3.3 采矿技术

普晨石墨矿开采方式为露天开采，矿山开拓方式为公路运输开拓，采用组合台阶采矿法。矿山主要采矿设备明细见表38-3。

表38-3 普晨石墨矿主要采矿设备

序号	设备名称	设备型号	数量/台
1	挖掘机	PC450-8	2
2	挖掘机	PC360-7	1

序号	设备名称	设备型号	数量/台
3	挖掘机	PC220-7	1
4	推土机	ST160	1
5	装载机	ZL50	1
6	潜孔钻	KQG150	2
7	空压机	XAS16M^3	2

38.4　选矿情况

38.4.1　选矿厂概况

普晨石墨矿选矿厂设计年处理矿石能力为 50 万吨，设计入选品位为 8.62%，最大入磨粒度为 30mm，磨矿细度为-0.1mm 占 65%，选矿方法为浮选法，选矿产品为鳞片石墨，品位（C）为 93.4%～93.46%。2013 年矿山选矿情况见表 38-4。

表 38-4　普晨石墨矿选矿厂选矿情况

入选矿石量 /万吨	入选品位 /%	选矿回收率 /%	每吨原矿选矿耗水量/t	每吨原矿选矿耗新水量 /t	每吨原矿选矿耗电量 /kW·h	每吨原矿磨矿介质损耗 /kg	选矿产品产率 /%
24.33	5.38	80	3	0.175	33.33	1	4.6

38.4.2　选矿工艺流程

38.4.2.1　破碎

破碎流程采用两段一闭路破碎工艺。矿石用汽车运至矿石堆场后，用铲车给入矿仓中，仓下给料机将矿石给入棒条筛，筛上矿石给入破碎机进行粗碎，筛下矿石同破碎产品一起经皮带机给入棒条筛进行二次筛分，二次筛分筛上矿石给入破碎机进行细碎，筛下矿石同破碎后的产品一起经皮带机运至磨矿矿仓。

38.4.2.2　磨矿分级与选别流程

磨矿分级与选别流程采用"阶段磨矿—阶段浮选"的工艺流程，其中包括一段磨矿、七次精矿再磨、一次粗选、十二次精选、一次扫选的工艺流程。

磨矿矿仓下设有给料机，矿粉经皮带机送入球磨机进行一段磨矿，磨矿产品给入分级机进行分级，分级机返砂给入球磨机构成闭路。

分级溢流给入浮选机进行粗选，粗选尾矿经一次扫选后成为最终尾矿，最终尾矿采用渣浆泵扬送到尾矿库中贮存。

粗选精矿进入浮选机进行一次精选，一次精选得到的精矿给入球磨机进行一次再磨，再磨后进行二次精选。二次精选得到的精矿经格子型球磨机进行精矿二次再磨，再磨后给入浮选机进行三次精选。三次精选得到的精矿给入格子型球磨机进行三次再磨，再磨后进行四次精选。四次精选得到的精矿给入高强度搅拌磨机进行四次再磨，再磨后进行五次精选、六次精选。一次、二次、三次、四次、五次、六次精选尾矿同扫选精矿集中成为中矿1，中矿1一部分返回到一段球磨，一部分返回到一次分级。六次精选后给入高强度搅拌磨机进行五次再磨，再磨后进行七次精选、八次精选，八次精选后给入高强度搅拌磨机进行六次再磨，再磨后进行九次精选、十次精选，十次精选后给入高强度搅拌磨机进行七次再磨，再磨后进行十一次、十二次精选，十二次精选后的精矿进入过滤机脱水，脱水后烘干获得含水30%左右精矿，经干燥后称重、包装入库待售。七次、八次、九次、十次、十一次、十二次过滤机脱水后的水分集中成为中矿2，中矿2返回到二次精选，形成闭路。

石墨选矿厂选矿工艺流程如图38-1所示。主要选矿设备见表38-5。

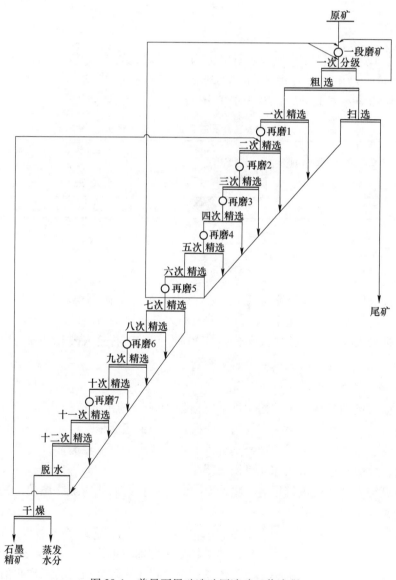

图 38-1　普晨石墨矿选矿厂选矿工艺流程

表 38-5 普晨石墨矿选矿厂主要选矿设备

序号	设备名称	规格型号	数量/台	序号	设备名称	规格型号	数量/台
1	颚式破碎机	PE400×600	1	7	球磨机	MQG1537	1
2	颚式破碎机	PE250×1200	1	8	搅拌桶	ϕ2000	1
3	皮带运输机	800	2	9	螺旋分级机	FGϕ150	2
4	皮带运输机	600	2	10	浮选机	XJK-2.8	9
5	圆盘给料机	GPK150	1	11	浮选机	XJK-2.8	4
6	球磨机	MQG1840	2	12	过滤机	CD-12	5

38.5 矿产资源综合利用情况

普晨石墨矿为单一石墨矿，矿产资源综合利用率 76.40%，尾矿品位 1.28%。

废石集中堆存在废石场，截至 2013 年年底，废石场累计堆存废石 277.47 万吨，2013 年排放量为 72.99 万吨。废石利用率为 17.95%，处置率为 100%。

尾矿集中堆存在尾矿库，截至 2013 年年底，尾矿库累计堆存尾矿 123.13 万吨，2013 年排放量为 23.21 万吨。尾矿利用率为零，处置率为 100%。

39　三道沟西矿段石墨矿

39.1　矿山基本情况

三道沟西矿段石墨矿为露天开采石墨矿的大型矿山，无共伴生矿产。矿山始建于 1989 年 4 月，1992 年 6 月 15 日投产，是第四批国家级绿色矿山试点单位。矿区位于黑龙江省鸡西市梨树区，距鸡西市郊区石磷车站北东 6km，交通方便。矿山开发利用简表详见表 39-1。

表 39-1　三道沟西矿段石墨矿开发利用简表

基本情况	矿山名称	三道沟西矿段石墨矿	地理位置	黑龙江省鸡西市梨树区
	矿山特征	第四批国家级绿色矿山试点单位	矿床工业类型	沉积变质石墨矿床
地质资源	开采矿种	石墨矿	地质储量/万吨	458
	矿石工业类型	晶质（或鳞片状）石墨	地质品位/%	4.69
开采情况	矿山规模/万吨·年$^{-1}$	19（大型）	开采方式	露天开采
	开拓方式	公路运输开拓	主要采矿方法	组合台阶采矿法
	采出矿石量/万吨	24.71	出矿品位/%	4.76
	废石产生量/万吨	10.13	开采回采率/%	93
	剥采比/t·t^{-1}	0.41	开采深度（标高）/m	506~420
选矿情况	选矿厂规模/万吨·年$^{-1}$	70	选矿回收率/%	86
	主要选矿方法	两段一闭路破碎—阶段磨矿阶段浮选		
	入选矿石量/万吨	25.17	原矿品位/%	3.1
	精矿产量/万吨	0.79	精矿品位/%	84.90
	尾矿产生量/万吨	24.38	尾矿品位/%	0.45
综合利用情况	综合利用率/%	79.98	废水利用率/%	100
	废石排放强度/t·t^{-1}	12.82	废石处置方式	排土场堆存
	尾矿排放强度/t·t^{-1}	30.86	尾矿处置方式	尾矿库堆存

39.2　地质资源

39.2.1　矿床地质特征

三道沟西矿段石墨矿矿床为沉积变质石墨矿床，矿石为晶质（或鳞片状）石墨。矿区出露地层为上太古界麻山群西麻山组（Ar$_2$x）和第四系。西麻山组分布全区，矿区南部河谷及坡地为第四系上更新统和全新统坡积、洪积、河流冲积物。

西麻山组呈近东西向分布，主要岩性有片岩、片麻岩、麻粒岩、大理岩、各种类型混合岩及交代岩。根据岩石组合特征和含矿性，将西麻山组划分两个岩性阶段：下段为含矽线石片岩段（Ar_2x_1），上段为含石墨片麻岩段（Ar_2x_2），含低品位石墨矿体。

矿体多呈层状、似层状及透镜状产出。出露长度 200~300m，最长 700m；厚度为 5~20m，最厚 38m，固定碳（C）品位为 4%~5%。

矿山开采范围内有三条主要矿体，编号为Ⅰ、Ⅱ、Ⅱ-1，矿体走向长度为 250~700m，倾角为 45°~50°，矿体平均厚度为 18.85~35.18m，矿体赋存深度为 12~58m。矿体属稳固矿岩，围岩属于稳固性岩石。

按矿石结构、构造及矿物共生组合特征，将石墨矿石划分为两种自然类型，即片麻岩型矿石和片岩型矿石。片麻岩型矿石为矿体的主要矿石类型，分布于各个矿体中。片岩型矿石在本矿区零星分布，多呈薄层、透镜状，沿走向、倾向均不连续。片麻岩型矿石与片岩型矿石在矿物组合上大致相同。矿石工业类型为鳞片状晶质石墨矿石。

矿石结构以粒状变晶结构为主，其次为鳞片花岗变晶结构。矿石构造以片麻状构造为主，其次为片状构造。

矿石中主要有用矿物为单一的石墨矿，呈晶质鳞片状。脉石矿物主要为钾长石、斜长石、石英、矽线石，其次为透辉石、石榴石、绿泥石、黑云母、白云母。

片麻岩型矿石全分析结果表明，矿石中 SiO_2 含量为 51.44%~76%，Al_2O_3 含量为 7.94%~15.76%，CaO 含量为 7.85% 左右，TiO_2 含量为 0.04%~0.95%，P_2O_5 含量为 0.03%~0.3%，V_2O_5 含量为 0.15% 左右，S 含量为 0.2% 左右。

39.2.2　资源储量

三道沟西矿段石墨矿为单一矿产，矿山累计查明石墨资源矿石量为 458.0 万吨，石墨矿物量为 21.48 万吨，石墨平均地质品位（C）为 4.69%。

39.3　开采情况

39.3.1　矿山采矿基本情况

三道沟西矿段石墨矿为露天开采矿山，采用公路运输开拓，使用的采矿方法为组合台阶采矿法。矿山设计年生产能力 19 万吨，设计开采回采率为 90%，设计贫化率为 5%，设计出矿品位（固定碳 C）为 4.69%，最低工业品位（固定碳 C）为 2.5%。

39.3.2　矿山实际生产情况

2011 年，矿山实际出矿量 24.71 万吨，排出废石 10.13 万吨。矿山开采深度为 506~420m 标高。具体生产指标见表 39-2。

表 39-2　2011 年三道沟西矿段石墨矿实际生产情况

采矿量/万吨	开采回采率/%	出矿品位/%	贫化率/%	露天剥采比/t·t^{-1}
24.71	93	4.76	0	0.41

39.3.3　采矿设备

矿山主要采矿设备明细见表 39-3。

表 39-3　三道沟西矿段石墨矿主要采矿设备

序号	设备名称	设备型号	数量/台
1	推土机	T120A	2
2	装载机	XG953	2
3	液压挖掘机	PC360C-7	3
4	潜钻孔	HCM451	1
5	潜钻孔	7566	1
6	压风机	DXHG950-20	1
7	吊车	8t	1
8	空压机	VF-7	1
9	破碎锤		1

39.4　选矿情况

39.4.1　选矿厂概况

矿山选矿厂为天盛公司选矿厂，设计年处理矿石能力为 70 万吨，设计入选品位（C）为 4.69%，最大入磨粒度为 40mm，磨矿细度为 -0.074mm 占 70%，选矿方法为一般浮选法，选矿产品为晶质鳞片石墨，品位（C）为 85%。2013 年入选矿石为外购矿石，2013 年天盛公司选矿厂选矿情况见表 39-4。

表 39-4　2013 年天盛公司选矿厂选矿情况

入选矿石量 /万吨	入选品位 /%	选矿回收率 /%	每吨原矿 选矿耗水量 /t	每吨原矿 选矿耗 新水量/t	每吨原矿 选矿耗电量 /kW·h	每吨原矿 磨矿介质 损耗/kg	选矿产品 产率 /%
25.17	3.1	86	2.5	0.5	28.4	0.52	3.14

39.4.2　选矿工艺流程

选矿厂采用大型湿法搅拌磨工艺提高低品位鳞片石墨选矿回收水平。破碎流程采用两段一闭路破碎，磨选采用一段粗磨、六次再磨、一次粗选、十次精选、一次扫选的阶段磨矿阶段浮选的工艺流程。

精矿品位达 85%~95%；尾矿品位 0.2%~0.45%；精矿产率 2.8~4.3%。选矿厂主要设备见表 39-5，选矿工艺流程如图 39-1 所示。

表 39-5 天盛公司选矿厂主要设备型号

序号	设备名称	规格型号	序号	设备名称	规格型号
1	固定格筛	450×450	8	螺旋运输机	GX200×6000
2	板式给矿机	1200×3000	9	链式斗式提升机	D160×15000
3	颚式破碎机	PE600×900	10	转筒筛	1000×90000
4	粗选浮选机	SF-2.8	11	泡沫泵	4寸
5	扫选浮选机	SF-2.8	12	真空泵	SK-30
6	溢流型球磨机	MQY1245	13	皮带运输机	B800×20000
7	渣浆泵	4/3C-AH	14	格子型磨球机	MQG2145

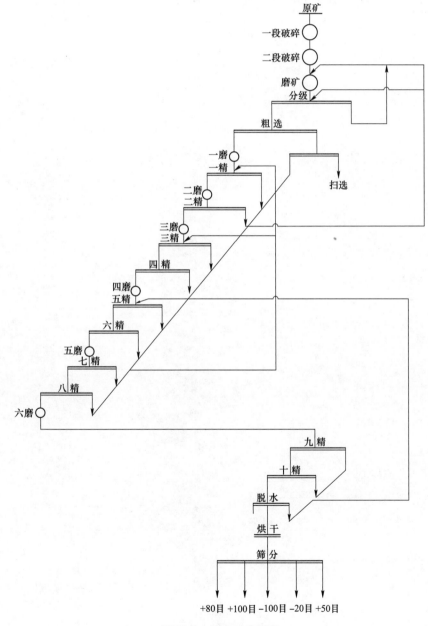

图 39-1 选矿工艺流程

39.5　矿产资源综合利用情况

三道沟西矿段石墨矿为单一石墨矿，矿产资源综合利用率为 79.98%，尾矿品位 0.45%。

废石集中堆存在废石场，截至 2013 年年底，废石场累计堆存废石 22.09 万吨，2013 年排放量为 10.13 万吨。废石利用率为零，处置率为 100%。

尾矿集中堆存在尾矿库，截至 2013 年年底，尾矿库累计堆存尾矿 139.71 万吨，2013 年排放量为 24.38 万吨。尾矿利用率为零，处置率为 100%。

40 双兴石墨矿

40.1 矿山基本情况

双兴石墨矿为露天开采的中型矿山，无共伴生矿产。矿山始建于 2005 年 5 月，投产时间为 2005 年 10 月。矿区位于吉林省通化市集安市，距财源镇 1.3km，距集安市 90km，距离通化市 80km，其间有公路相连，交通较便利。矿山开发利用简表详见表 40-1。

表 40-1 双兴石墨矿开发利用简表

基本情况	矿山名称	双兴石墨矿	地理位置	吉林省集安市
	矿床工业类型	沉积变质鳞片状晶质石墨矿		
地质资源	开采矿种	石墨矿	地质储量/万吨	652.9
	矿石工业类型	晶质（或鳞片状）石墨	地品位/%	3.4
开采情况	矿山规模/万吨·年$^{-1}$	16.7（中型）	开采方式	露天开采
	开拓方式	公路运输开拓	主要采矿方法	组合台阶采矿法
	采出矿石量/万吨	6.72	出矿品位/%	3.27
	废石产生量/万吨	10.75	开采回采率/%	90
	贫化率/%	5	开采深度（标高）/m	441~330
	剥采比/t·t^{-1}	1.6		
选矿情况	选矿厂规模/万吨·年$^{-1}$	20	选矿回收率/%	84.4
	主要选矿方法	三段一闭路破碎—阶段磨矿阶段浮选		
	入选矿石量/万吨	5.08	原矿品位/%	3.27
	精矿产量/万吨	0.15	精矿品位/%	92
	尾矿产生量/万吨	4.93	尾矿品位/%	0.53
综合利用情况	综合利用率/%	75.94	废水利用率/%	70
	废石利用率/%	100	尾矿利用率/%	100
	废石排放强度/t·t^{-1}	71.67	废石处置方式	建筑材料
	尾矿排放强度/t·t^{-1}	32.87	尾矿处置方式	回填、尾矿库堆存

40.2 地质资源

40.2.1 矿床地质特征

双兴石墨矿为沉积变质鳞片状晶质石墨矿，矿石工业类型为晶质（或鳞片状）石墨，矿床规模为中型。矿石自然类型包括石墨黑云变粒岩、石墨透辉变粒岩。矿石结构为自形或半自形粒状、片状变晶结构，矿石构造为层状、浸染状、块状构造。

矿石中石墨含量 3%~10%。石墨呈片状、叶片状晶体。矿石中见有黄铁矿、黄铜矿等金属矿物，含量极少。

矿石中脉石矿物主要为长石、石英、黑云母等。长石含量为 50%~60%，石英含量为 20% 左右，黑云母含量为 5%~10%。

矿石化学成分中主要有用组分为 C，一般含量在 3.26%~3.48% 之间，其他化学成分含量为：SiO_2 51.67%~51.83%、Al_2O_3 10.1%~10.88%、CaO 7.03%~7.52%、MgO 5.38%~5.47%、K_2O 1.76%~1.87%、Na_2O 1.51%~1.62%、TiO_2 0.6%~0.66%、FeO 2.52%~4.29%、MnO 0.25%~−0.3%、P_2O_5 0.15%~0.18%、Fe_2O_3 4.5%~4.55%、S 1.91%~1.97%、烧失量 11.32%~11.67%。

石墨矿石中有害组分主要为硫，但含量较低（平均为 1.94%），对选矿影响不大。

40.2.2 资源储量

双兴石墨矿为单一矿产，截至 2013 年年底，保有石墨矿石资源储量 652.90 万吨，保有石墨矿物量为 22.56 万吨，石墨矿平均地质品位为 3.4%。

40.3 开采情况

40.3.1 矿山采矿基本情况

双兴石墨矿为露天开采矿山，采用公路运输开拓，使用的采矿方法为组合台阶采矿法。矿山设计年生产能力 16.7 万吨，设计开采回采率为 95%，设计贫化率为 5%，设计出矿品位（固定碳 C）3.14%，最低工业品位（固定碳 C）为 3%。

40.3.2 矿山实际生产情况

2013 年，矿山实际出矿量 6.72 万吨，排出废石 10.75 万吨。矿山开采深度为 441~330m 标高。具体生产指标见表 40-2。

表 40-2 2013 年双兴石墨矿实际生产情况

采矿量/万吨	开采回采率/%	出矿品位/%	贫化率/%	露天剥采比/t·t^{-1}
6.72	90	3.27	5	1.6

40.3.3 采矿技术

双兴石墨矿采用组合台阶采矿法，采用缓帮剥采工艺，采剥方向由矿体上盘向下盘推进。为有效减少损失贫化，针对矿体倾角 40° 特点，开采至矿岩分界线处，采矿工作采用 3m 的铲装分层高度进行小台阶采矿。矿山主要采矿设备明细见表 40-3。

表 40-3　双兴石墨矿主要采矿设备

序号	设备名称	设备型号	数量/台
1	潜孔钻机	KQ90L	2
2	空气压缩机	5L-40/8	2
3	凿岩机	YT-27	2
4	自卸汽车	10t	20
5	洒水车	8t	1

40.4　选矿情况

40.4.1　选矿厂概况

　　双兴石墨矿选矿厂设计年处理矿石能力为 20 万吨，设计入选品位为 3%，最大入磨粒度为 20mm，磨矿细度为 -0.15mm 占 60%。选矿方法为浮选法，采用三段一闭路破碎，阶段磨矿阶段浮选的工艺流程，其中包括七段磨矿、十次浮选。选矿产品为晶质鳞片石墨，2013 年精矿品位 92%，选矿回收率 84.4%。

　　2013 年双兴石墨矿选矿厂选矿情况见表 40-4。

表 40-4　2013 年双兴石墨矿选矿厂选矿情况

入选矿石量/万吨	入选品位/%	选矿回收率/%	每吨原矿选矿耗水量/t	每吨原矿选矿耗新水量/t	每吨原矿选矿耗电量/kW·h	每吨原矿磨矿介质损耗/kg
5.08	3.27	84.4	3.3	1.2	30	1

40.4.2　选矿工艺流程

　　2011 年年底之前，选矿厂选矿采用阶段磨矿阶段浮选的方法，共计 3 段磨矿。原矿石由采场用汽车运至选矿厂，选厂设 1200×4500 重板给矿机，矿石经给矿机给 PE750×1060 颚式破碎机进行粗碎，粗碎排矿由胶带输送机给入 HP300 破碎机中碎，中碎产物经胶带输送机给 YA1842 圆振动筛，筛下合格物料用胶带输送机输送至粉矿仓。筛上物料由胶带输送机输送至西蒙斯断头 HP500 破碎机细碎，细碎产物由皮带机输送给圆振筛，构成闭路循环。

　　粉仓下设一台圆盘给料机，物料给 5 号胶带输送机，送给格子型球磨机进行磨矿，磨机排矿给入高堰式双螺旋分级机进行分级，溢流在搅拌槽加药搅拌后自流入浮选机进行粗选作业。粗选尾矿进行一次扫选作业，粗选尾矿作为最终尾矿用沙泵输送至干排系统。

　　粗选精矿给入球磨机进行第一次再磨，再磨产品经搅拌槽加药搅拌后进行第一次精选、第二次精选、第三次精选作业。精选精矿给入球磨机进行第二次再磨，产物加药搅拌后进行第二次精选。经过 2 次精选作业进入球磨机进行第三次再磨，产物加药搅拌后进行第三段精选，经过精选作业后给入浓密机浓密、压滤机压滤脱水后给入烘干机烘干。再给入筛分机分级，最终得出石墨精矿粉。

2011 年，矿山开始进行石墨矿 I -1、II 号矿体提高开采回采率、选矿回收率和综合利用率的技术改造。通过对生产线的改造，可以很好地保护大鳞片石墨，大片率能够上升到 25%，选矿回收率由 70% 提高到 85%，精矿品位达到 90% 以上。改造后的选矿工艺为七磨十选，流程图如图 40-1 所示。选矿设备型号及数量见表 40-5。

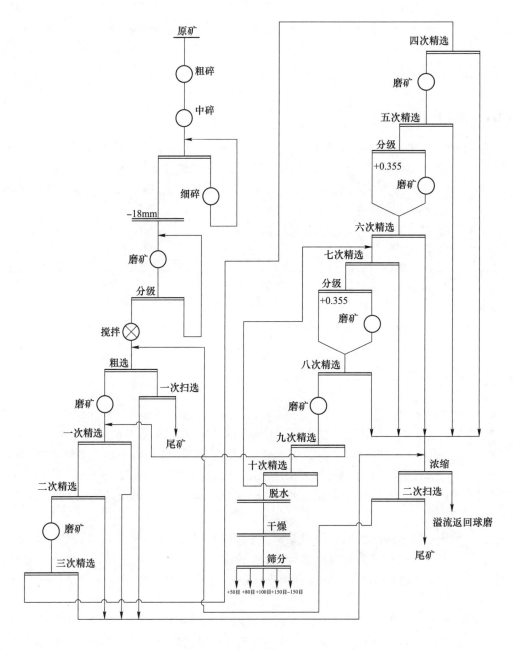

图 40-1　双兴石墨矿选矿厂工艺流程

表 40-5　双兴石墨矿选矿厂主要设备型号及数量

序号	设备名称	设备型号	数量/台	序号	设备名称	设备型号	数量/台
1	重型板式给矿机	CD10-11TP	1	12	浮选机	SF-2	27
2	颚式破碎机	PEF750×1060	1	13	立式压滤机	HVPF-84	1
3	圆锥破碎机	PYS1324	1	14	水力旋流器	250VS4	12
4	圆锥破碎机	PYS1608	1	15	圆盘给料机	$\phi2500$	1
5	圆振动筛	YA1542	1	16	分级机	2F-2000	1
6	球磨机	MQY1530	1	17	气流烘干机	QG-132	1
7	球磨机	MQG3245	1	18	立磨机	$\phi800$	16
8	球磨机	MQY1545	2	19	烘干机	1500×1800	1
9	球磨机	MQY0918	3	20	球磨机	1830×4500	2
10	浮选机	SF-8	12	21	脱水机	$\phi1200$	9
11	浮选机	SF-4	34	22	高方筛	FSFG6×22d	2

40.5　矿产资源综合利用情况

双兴石墨矿为单一石墨矿,矿产资源综合利用率75.94%,尾矿品位0.53%。

废石集中堆存在废石场,截至2013年年底,废石场累计堆存废石量为零,2013年排放量为10.75万吨。废石利用率为100%,处置率为100%。

尾矿集中堆存在尾矿库,截至2013年年底,尾矿库累计堆存尾矿114.5万吨,2013年排放量为4.93万吨。尾矿利用率为100%,处置率为100%。

41　云山石墨矿

41.1　矿山基本情况

云山石墨矿为露天开采的大型矿山，无共伴生矿产。矿山始建于 2006 年 10 月，投产时间为 2008 年 10 月。矿区位于黑龙江省鹤岗市萝北县，距云山林场 1.5km，至云山林场、萝北县有公路相通，交通方便。矿山开发利用简表详见表 41-1。

表 41-1　云山石墨矿开发利用简表

基本情况	矿山名称	云山石墨矿	地理位置	黑龙江省鹤岗市萝北县
	矿床工业类型	沉积变质鳞片状晶质石墨矿床		
地质资源	开采矿种	石墨矿	地质储量/万吨	1134.7
	矿石工业类型	晶质（或鳞片状）石墨	地质品位/%	12.68
开采情况	矿山规模/万吨·年$^{-1}$	20（大型）	开采方式	露天开采
	开拓方式	公路运输开拓	主要采矿方法	组合台阶采矿法
	采出矿石量/万吨	295	出矿品位/%	11.98
	废石产生量/万吨	171.4	开采回采率/%	97.1
	贫化率/%	0.6	开采深度（标高）/m	360~260
	剥采比/t·t^{-1}	0.58		
选矿情况	选矿厂规模/万吨·年$^{-1}$	100	选矿回收率	87
	主要选矿方法	两段—闭路破碎—阶段磨矿阶段浮选		
	入选矿量/万吨	96	原矿品位/%	11.98
	精矿产量/万吨	10.53	品位/%	95
	尾矿产生量/万吨	85.47	尾矿品位/%	1.75
综合利用情况	综合利用率/%	84.48	废水利用率/%	100
	废石排放强度/t·t^{-1}	16.28	废石处置方式	修筑尾矿库
	尾矿排放强度/t·t^{-1}	8.12	尾矿处置方式	尾矿库堆存
	废石利用率/%	100	尾矿利用率/%	0

41.2　地质资源

41.2.1　矿床地质特征

云山石墨矿为沉积变质鳞片状晶质石墨矿床，矿石工业类型为晶质（或鳞片状）石墨，矿床规模为大型。矿山已开采的东矿段内有 3 条主要矿体，矿体编号为Ⅳ、Ⅴ、Ⅵ。矿体走向长度为 1200～1800m，平均厚度为 18～105m，赋存深度为 6m 左右，延深大于 300m，南北走向，倾向东，倾角为 28°～34°，属稳固矿岩，围岩稳固，矿床水文地质条件简单。

矿区内矿石类型包括片状石墨岩、黝帘石墨岩、斜长石墨岩、石英石墨片岩、石墨石英岩等。矿石结构为鳞片-粒状变晶结构和嵌晶变晶结构。矿石构造以片麻状构造为主，其次为片状构造，局部因片状矿物定向不明显而呈块状构造。矿石中主要矿物成分为石墨、石英、斜长石、云母、金属硫化物。矿石化学成分中主要有用组分为 C，一般含量在 9%～17%之间，局部最高可达 25%，其他成分平均含量为 SiO_2 55.3%、Al_2O_3 11.36%、CaO 4.8%、MgO 2.55%、K_2O 2.83%、Na_2O 0.47%、TiO_2 0.56%、水分 1.14%、挥发分 2.88%。

矿石中伴生有害组分含量为 S 0.04%～1.12%、P 0.15%、Fe_2O_3 6.21%～9.40%。S、P、Fe 有害组分地表变化大于地下。

在地表的 S 大部分被风化淋失掉，在地下以黄铁矿为主的金属硫化物，常呈脉状穿插于石墨鳞片之间或呈微细粒浸染状附着于石墨鳞片表面，因此，在一定程度上增加了选矿的难度。但 P 的含量极低，不影响选矿难易程度。

41.2.2 资源储量

云山石墨矿为单一矿产，累计查明石墨矿石资源储量 1134.7 万吨，查明石墨矿物量为 142.84 万吨，平均地质品位为 12.68%。

41.3 开采情况

41.3.1 矿山采矿基本情况

云山石墨矿为露天开采矿山，采用公路运输开拓，使用的采矿方法为组合台阶采矿法。矿山设计年生产能力 20 万吨，设计开采回采率为 95%，设计贫化率为 5%，设计出矿品位（固定碳 C）为 12.05%，最低工业品位（固定碳 C）为 7%。

41.3.2 矿山实际生产情况

2011 年，矿山实际出矿量 295 万吨，排出废石 171.4 万吨。矿山开采深度为 360～260m 标高。具体生产指标见表 41-2。

表 41-2 云山石墨矿实际生产情况

采矿量/万吨	开采回采率/%	出矿品位/%	贫化率/%	露天剥采比/t·t^{-1}
295	97.1	11.98	0.6	0.58

41.3.3 采矿技术

由于石墨矿体位于山脊上，厚度大，埋藏不深，矿体倾角小，与山坡自然坡度基本平行，上盘剥离量较小，矿体中夹层很少，水文地质简单，工程地质条件中等，岩矿比较稳定，为露天开采。矿山采用汽车运输公路开拓，采矿方法为铲运机采矿，采用台阶式开采。矿山主要采矿设备明细见表41-3。

表 41-3　云山石墨矿主要采矿设备

序号	设备名称	设备型号	数量/台	序号	设备名称	设备型号	数量/台
1	变压器	200KVA	1	6	挖掘机	XS220	1
2	空气压缩机	XAVS900CD7	3	7	挖掘机	DY300	1
3	气动钻机	CL351	3	8	自卸汽车	15t、20t	89
4	装载机	ZL50C	12	9	推土机	T165-1	2
5	挖掘机	V210	1				

41.4　选矿情况

41.4.1　选矿厂概况

云山石墨矿选矿厂设计选矿能力为100万吨，设计石墨入选品位为12%，最大入磨粒度为20mm，磨矿细度为-0.15mm占90%。

2011年实际选矿96万吨，入选品位为11.98%。选矿产品晶质鳞片石墨品位为95%，选矿回收率87%，选矿产品的产率为11%。每吨原矿选矿耗水量为4t，每吨原矿选矿耗新水量为0.8t，每吨原矿选矿耗电量为60kW·h，每吨原矿磨矿介质损耗为1kg。

41.4.2　选矿工艺流程

41.4.2.1　破碎筛分流程

石墨原矿粒径在0.2~0.8m之间，通过大型给矿设备进入颚式破碎机粗碎，然后通过皮带运输机输送到细碎破碎机细碎，进入储料仓备用。破碎产品粒度一般在10~20mm。

41.4.2.2　粗磨

粗磨采用球磨机与螺旋分级机构成的闭路磨矿系统，球磨机磨矿细度-0.074mm占50%~60%，矿浆浓度在70%~80%之间。得到合格溢流产品后进入搅拌桶，加入搅拌给药剂进行搅拌。

41.4.2.3　粗选与扫选

矿浆加入药剂后进入粗选浮选机粗选，粗选尾矿进入扫选浮选机扫选，扫选精矿返回粗选作业，扫选尾矿进入尾矿库。粗选精矿继续精选，品位一般在38%~50%之间。

41.4.2.4　精选

粗选精矿进入一次精选，所得精矿进入再磨砂磨机二次磨矿，再磨产品进入二次精选。二次精选产品重复上述作业直至九次精选，反复清洗分离直至品位达到95%~96%。

一次精选产品品位为55%~65%，二次精选产品品位为70%~75%，三次精选产品品位为80%~83%，四次精选产品品位为85%~88%，五次精选产品品位为90%~92%，六次精选产品品位约为 93%，七次精选产品品位为 93.5%～94%，八次精选产品品位为 94.5%～95%，九次精选产品品位为 95%～96%。

41.4.2.5　脱水及烘干

最终精矿进入料罐后分流到脱水设备进行脱水，脱水至含水 25%～33%。脱水后的精矿通过运输机械进到烘干设备中进行烘干，烘干产品含水量小于 0.5%。

脱水设备采用板式压滤机，含有部分精矿的水将由精矿泵输送到六次精选作业进入浮选精选流程。

41.4.2.6　筛分及包装

物料经过直线筛分级，分出不同规格目数，分批进入产品库房。筛分过程中所产生的粉尘通过除尘设备回收。石墨产品分目种类为+0.18mm、−0.18mm+0.15mm、−0.15mm+0.074mm、−0.074mm。采用真空输送将物料从烘干机中输送到筛分机上方的料仓，输送管路采用不锈钢装饰管。

石墨选矿工艺流程如图 41-1 所示，选矿设备型号及数量见表 41-4。

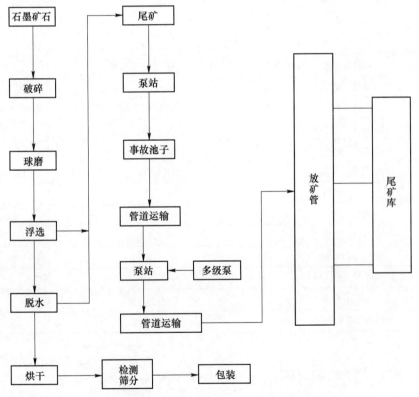

图 41-1　云山石墨矿选矿厂工艺流程

表 41-4　云山石墨选矿厂主要设备型号及数量

序号	设备名称	设备型号	数量/台
1	颚式破碎机	PE-900×1200	2
2	标准圆锥机破碎机	PYB1750	2

序号	设备名称	设备型号	数量/台
3	短头圆锥机破碎机	PYD1750	2
4	圆振筛	YA2460	2
5	给矿机	CB900×2100	2
6	给矿机	CB600×1400	2
7	湿式格子球磨机	MQG2731	2
8	分级机	2FG-20	2
9	湿式溢流球磨机	MQY2145	2
10	浮选机（粗选）	XJQ-160	8
11	浮选机（扫选）	XJQ-160	12
12	浮选机（一精）	XJQ-160	8
13	再磨球磨机	MQY1530	2
14	浮选机（二精）	XJQ-160	8
15	再磨砂磨机	SK120-1	4
16	浮选机（三精）	XJQ-80	12
17	再磨砂磨机	SK120-1	4
18	浮选机（四精）	XJQ-80	12
19	再磨砂磨机	SK120-1	4
20	浮选机（五精）	XJQ-80	8
21	再磨砂磨机	SK120-1	4
22	浮选机（六精）	SF4+JJF4	8
23	再磨砂磨机	SK120-1	4
24	浮选机（七精）	SF4+JJF4	6
25	再磨砂磨机	SK120-1	4
26	浮选机（八九精）	SF4+JJF4	12
27	中矿扫选浮选机	SF4+JJF4	6
28	板框压滤机	液压 1000 型 120m^2	4
29	间接式转筒干燥机	JZTϕ2.1×21	2

41.5　矿产资源综合利用情况

云山石墨矿为单一石墨矿，矿产资源综合利用率 84.48%，尾矿品位 1.75%。

废石集中堆存在废石场，截至 2013 年年底，废石场累计堆存废石 0 万吨，2013 年产生量为 171.4 万吨。废石利用率为 100%，处置率为 100%。

尾矿集中堆存在尾矿库，截至 2013 年年底，尾矿库累计堆存尾矿 540 万吨，2013 年排放量为 85.47 万吨。尾矿利用率为零，处置率为 100%。

42　扎鲁特旗金鲁矿

42.1　矿山基本情况

　　扎鲁特旗金鲁矿为地下开采石墨矿的大型矿山，无共伴生矿产。矿山始建于 2007 年 11 月，2009 年 4 月正式投产。矿区位于内蒙古自治区通辽市扎鲁特旗，距扎鲁特旗政府所在地鲁北镇北西 34km，距科尔沁约 200km，东距通辽至霍林河铁路黄花山车站约 65km，东距 G304 国道约 25km，北距巨日合镇西 5km，有水泥路相通，交通较为便利。矿山开发利用简表详见表 42-1。

表 42-1　扎鲁特旗金鲁矿开发利用简表

基本情况	矿山名称	扎鲁特旗金鲁矿	地理位置	内蒙古通辽市扎鲁特旗
	矿床工业类型	接触变质型石墨矿床		
地质资源	开采矿种	石墨矿	地质储量/万吨	804.05
	矿石工业类型	晶质（或鳞片状）石墨	地质品位/%	72.75
开采情况	矿山规模/万吨·年⁻¹	30（大型）	开采方式	地下开采
	开拓方式	竖井开拓	主要采矿方法	崩落采矿法
	采出矿石量/万吨	3.89	出矿品位/%	72.75
	废石产生量/万吨	3.38	开采回采率/%	80.0
	贫化率/%	7	开采深度（标高）/m	454~220
	掘采比/米·万吨⁻¹	357.9		
综合利用情况	综合利用率/%	80	废石利用率/%	100
	废水利用率/%	100	废石处置方式	制砖、矿山修路

42.2　地质资源

42.2.1　矿床地质特征

　　矿床类型为接触变质型矿床，矿区位于塔拉营子呈北东向展布的含（类）石墨盆地内，处于北东向断层及近南北向断层所控制的地堑内。

　　区内出露地层主要有二叠系上统林西组（P_2l）、侏罗系下统红旗组（J_1h）、侏罗系上统白音高老组（J_3b）和第四系（Q）。

　　二叠系上统西林组（P_2l）：其岩性组合分为上下两个岩性段。下段（P_2l^1）岩性主要为灰黑色斑点板岩、绢云母黑云母板岩、堇青石板岩夹变质砂岩。为本区含石墨地层的基底。林西组上段（P_2l^2）主要岩性为灰色、浅灰色变质砂岩夹粉砂岩板岩。

侏罗系下统红旗组（J_1h）区域上该组分为三个岩性段，矿区仅发育下含石墨煤岩段（J_1h^1），由黑~黑灰色粉砂岩、泥岩、炭质岩与石墨矿层组成。

侏罗系上统白音高组（J_3b）为褐灰色含角砾中、酸性熔岩、凝灰岩及安山岩、凝灰质砾岩、凝灰砂岩等。

第四系（Q）分布于丘陵山坡带及腾格勒郭勒河谷区。由冲-洪击砂砾石层及风积砂等组成。

地层总体走向呈北东向，倾向东南，单斜构造，倾角较缓，一般为 $10° \sim 20°$，最大 $25°$。

矿区内未见大型侵入体，仅见小型酸性、酸碱性和中性脉岩发育，地表出露较少，主要分布在（类）石墨矿层上部或下部。岩性为正长斑岩为主，其次为闪长玢岩脉及流纹斑岩脉；主要分布于矿区煤系地层中，侵入时代主要为早白垩世；以断层裂隙带为通道，顺岩层贯入充填，破坏了煤系地层，也使煤受烘烤变质形成（类）石墨矿床。

42.2.2　资源储量

扎鲁特旗金鲁石墨（类石墨）矿为单一矿种，无共伴生矿产和其他有价元素。矿山累计查明资源储量（矿石量）804.05 万吨，平均品位为 72.75%。

42.3　开采情况

42.3.1　矿山采矿基本情况

扎鲁特旗石墨矿为地下开采矿山，采用竖井开拓，侧翼对角式机械抽出式通风，使用的采矿方法为崩落采矿法，主体采矿方法为长壁崩落采矿法。

矿山设计年生产能力 30 万吨，设计开采回采率为 80%，设计贫化率为 10%，设计出矿品位（固定碳 C）73.01%，最低工业品位（固定碳 C）为 65%。

42.3.2　矿山实际生产情况

2011 年，矿山实际出矿量 3.89 万吨，排出废石 3.38 万吨。矿山开采深度为 454~220m 标高。具体生产指标见表 42-2。

表 42-2　扎鲁特旗金鲁矿实际生产情况

采矿量/万吨	开采回采率/%	出矿品位/%	贫化率/%	掘采比/米·万吨$^{-1}$
3.89	80	72.75	7	357.9

42.4　矿产资源综合利用情况

扎鲁特旗金鲁矿为单一石墨矿，矿产资源综合利用率为 80%。

废石集中堆存在废石场，截至 2013 年年底，废石场累计堆存废石 0.5 万吨，2013 年排放量为 3.38 万吨。废石利用率为 100%，处置率为 100%。

43 冢西石墨矿

43.1 矿山基本情况

冢西石墨矿为露天开采的大型矿山，无共伴生矿产。矿山成立于1998年，矿区位于山东省青岛市平度市，距平度城区约32km，交通方便。矿山开发利用简表详见表43-1。

表 43-1 冢西石墨矿开发利用简表

基本情况	矿山名称	冢西石墨矿	地理位置	山东省青岛市平度市
	矿床工业类型	区域变质型石墨矿床		
地质资源	开采矿种	石墨矿	地质储量/万吨	850.1
	矿石工业类型	晶质（或鳞片状）石墨	地质品位/%	3.76
开采情况	矿山规模/万吨·年$^{-1}$	35（大型）	开采方式	露天开采
	开拓方式	公路运输开拓	主要采矿方法	组合台阶采矿法
	采出矿石量/万吨	29.46	出矿品位/%	3.65
	废石产生量/万吨	17.68	开采回采率/%	90.13
	贫化率/%	7	剥采比/t·t^{-1}	0.6
选矿情况	选矿厂规模/万吨·年$^{-1}$	43	选矿回收率/%	91.36
	主要选矿方法	两段破碎—阶段磨矿阶段浮选		
	入选矿石量/万吨	29.46	原矿品位/%	3.64
	精矿产量/万吨	1.14	精矿品位/%	86
	尾矿产生量/万吨	28.32	尾矿品位/%	0.33
综合利用情况	综合利用率/%	82.34	废水利用率/%	100
	废石利用率/%	100	尾矿利用率/%	100
	废石排放强度/t·t^{-1}	15.51	废石处置方式	修筑尾矿库、建材
	尾矿排放强度/t·t^{-1}	24.84	尾矿处置方式	尾矿库堆存、回填

43.2 地质资源

冢西石墨矿矿床为区域变质型石墨矿，矿石类型为晶质石墨。矿区大地构造位置属华北板块（Ⅰ）胶辽古陆块（Ⅱ）胶东裂谷（Ⅲ）胶北陆缘活动带（Ⅳ）莱州-明村残存古裂谷（Ⅴ）之栖霞复背斜的南翼西段。区内广泛出露古元古代荆山群野头组和陡崖组变质地层。断裂构造有 NE 向和 NW 向两组。NE 向与地层走向一致，是控矿构造，多具压性特征。NW 向为成矿后构造，断距达 800m，对矿层起破坏作用。岩浆岩不发育，仅在矿区西部的水桃林片岩段发现少量的石英脉和伟晶岩脉。石墨矿产于荆山群陡崖组徐村段，其岩性为石墨黑云斜长片麻岩、石墨透闪透辉岩、混合质石墨黑云斜长片麻岩、斜长角闪岩、蛇纹透辉大理岩。石墨矿为晶质石墨矿石，以片麻状、鳞片浸染状矿石为主，极少数为块状、斑点状构造。

冢西石墨矿石墨为单一矿种，无共伴生矿产和其他有价元素。矿山累计查明石墨矿石量 850.1 万吨，矿物量 32.0 万吨，石墨平均品位为 3.76%。

43.3　开采情况

43.3.1　矿山采矿基本情况

冢西石墨矿为露天开采矿山，采用公路运输开拓，使用的采矿方法为组合台阶采矿法。矿山设计年生产能力 35 万吨，设计开采回采率为 90%，设计贫化率为 7%，设计出矿品位（固定碳 C）3.65%，最低工业品位（固定碳 C）为 2.5%。

43.3.2　矿山实际生产情况

2013 年，矿山实际出矿量 29.46 万吨，排出废石 17.68 万吨。矿山开采深度为 454～220m 标高。具体生产指标见表 43-2。

表 43-2　冢西石墨矿实际生产情况

出矿量/万吨	开采回采率/%	出矿品位/%	贫化率/%	露天剥采比/t·t⁻¹
29.46	90.13	3.65	7	0.6

43.4　选矿情况

冢西石墨矿选矿厂设计年选矿能力为 43 万吨，设计入选品位为 3.65%，设计选矿回收率 90%；最大入磨粒度 16mm，磨矿细度 -0.15mm 占 95%。破碎流程采用二段破碎，采用阶段磨矿阶段浮选的工艺，选矿产品为石墨精矿，品位为 86%。

石墨原矿经过两段破碎后粒度由 10cm 破碎到 3cm，破碎后产品进入一段球磨机磨至 0.5cm 左右，经浮选得到固定碳含量 35%～40% 的石墨粗精矿，进一步精选后得到含固定碳 70%～80% 的精矿，精矿进入再磨机再磨后继续精选，得到固定碳含量 86% 的石墨精矿。

2011 年入选矿石 29.46 万吨，主要产品为石墨精粉，产量 1.14 万吨，选矿回收率 91.36%，精矿固定碳含量为 86%。

43.5　矿产资源综合利用情况

冢西石墨矿为单一石墨矿，矿产资源综合利用率 82.34%，尾矿品位 0.33%。

　　废石集中堆存在废石场，截至 2013 年年底，废石场累计堆存废石零万吨，2013 年排放量为 17.68 万吨。废石利用率为 100%，处置率为 100%。

　　尾矿集中堆存在尾矿库，截至 2013 年年底，尾矿库累计堆存尾矿 6.1 万吨，2013 年排放量为 28.32 万吨。尾矿利用率为 100%，处置率为 100%。

第6篇 萤石矿

YINGSHI KUANG

44　八都萤石矿

44.1　矿山基本情况

八都萤石矿为地下开采的大型矿山，无共伴生矿产。矿山始建于1973年7月，是第二批国家级绿色矿山试点单位。矿区位于浙江省丽水市龙泉市，紧邻龙浦高速，距龙泉市区约20km，交通十分方便。矿山开发利用简表详见表44-1。

表44-1　八都萤石矿开发利用简表

基本情况	矿山名称	八都萤石矿	地理位置	浙江省丽水市龙泉市
	矿山特征	第二批国家级绿色矿山试点单位	矿床工业类型	浅层低温热液矿床
地质资源	开采矿种	萤石矿	地质储量/万吨	406.06
	矿石工业类型	单一型萤石矿	地质品位/%	39
开采情况	矿山规模/万吨·年$^{-1}$	12（大型）	开采方式	地下开采
	开拓方式	平硐—盲竖井联合开拓	主要采矿方法	浅孔留矿嗣后充填采矿法
	采出矿石量/万吨	11.24	出矿品位/%	40.68
	废石产生量/万吨	1.2	开采回采率/%	81.50
	贫化率/%	3.27	开采深度（标高）/m	425.4~-69
选矿情况	选矿厂规模/万吨·年$^{-1}$	12	选矿回收率/%	82.06
	主要选矿方法	两段一闭路破碎、粗精再磨精选		
	入选矿石量/万吨	9.90	原矿品位/%	40.68
	精矿产量/万吨	3.13	精矿品位/%	97
	尾矿产生量/万吨	6.77	尾矿品位/%	6.89
综合利用情况	综合利用率/%	66.88	废水利用率/%	77
	废石利用率/%	100	尾矿利用率/%	30
	废石排放强度/t·t^{-1}	0.38	废石处置方式	建材
	尾矿排放强度/t·t^{-1}	2.16	尾矿处置方式	尾矿库堆存、充填

44.2 地质资源

44.2.1 矿床地质特征

八都萤石矿矿床为浅层低温热液矿床,矿床规模为大型。矿区位于华南褶皱系浙东南褶皱带丽水-宁波隆起区南西段,枫坪-三笋坑北东向断裂带与上江-松阳北西向断裂带交会处南西侧,直坑-石塘断裂南西一带,元古界变质岩断块隆起区。区内断裂构造十分发育,有北东、北北东、北西、东西向四组断裂,其中以北北东向断裂为主,区内延伸长,压性,切割前期形成的北西、东西向断裂。北西、东西向断裂部分被萤石充填,沿断裂形成矿脉。区内出露地层由下元古界八都群泗源组、下侏罗统枫坪组、上侏罗统大爽组、高坞组、西山头组组成,主要成分为石英砂岩、火山凝灰岩等。第四系在区内不发育。区内侵入岩体形成于晋宁期和燕山晚期,晋宁期侵入岩主要为变质二长花岗岩侵位于八都群中,与枫坪组及大爽组呈断裂接触。燕山晚期侵入岩主要为二长石英斑岩,侵位于上侏罗统地层中。矿区出露地层有八都(岩)群、中生界侏罗系,新生界第四系不发育,缺失古生界地层。上侏罗统分布面积最广,约占矿区面积的 80%。区内断裂构造发育。按其构造线展布方向,主要分为北北东向、北西向、东西向、北东向四组,区内目前共发现萤石矿化带 3 条,分别赋存于 F5、F7、F3 断裂中。

Ⅰ号矿化带位于周安行政村南西直线距离约 1km 的山坳,产于上侏罗磨石山群高坞组中。矿化带受 F5 断裂构造控制,呈北西向展布,倾向北东,局部反倾,倾角 70°~88°,带内见一系列产状 20°~45°∠70°~88° 的压扭性断裂,呈雁行状侧列组成,萤石矿体充填于该部分断裂中。矿床在区内分为 7 个矿体,是典型的似脉状矿床,共长约 1000m。F5 断裂构造性质为张性,没有宽大的构造破碎带,矿体宽度较窄,为 0.5~3m。矿体为条带状、块状,脉石较少,矿石平均品位在 70% 以上。围岩硅化蚀变较强,矿体周围及矿体中含有大量石英和玉髓,基本上没有绿泥石及高岭土化现象,碳酸盐化也不明显。矿体颜色多为白色、绿色和紫色。

Ⅱ号矿化带位于支木自然村西直线距离约 300m,产于上侏罗磨石山群大爽组中。矿化带受 F7 断裂构造带控制,呈东西向展布,长约 500m。F7 为压性断裂,构造破碎带较宽,西侧被 F1 切断,出露断裂破碎带宽约 20m,出露矿体宽约 1.5m。矿体与断裂面产状一致,为 10°~20°∠78°~82°,延伸较为稳定。矿体颜色为紫色和白色,两侧为数米宽夹有绿泥石和凝灰岩碎屑的高岭土层。在 F7 西侧出露断裂构造带宽约 30m,矿化带宽约 15m,在 90m 深处宽约 7m。矿脉沿断裂带产出,产状 355°~12°∠80°~85°,与断裂面产状基本一致。矿化带内沿裂隙充填有萤石、石英及其顶底板构造角砾岩、硅化蚀变围岩等,萤石矿主要呈现绿色、浅绿色、紫色角砾状,局部见条带状、块状,平均品位61.50%。Ⅱ号矿化带围岩蚀变主要为硅化,尤其是矿化带北侧,硅化在厚度 10m 以上;其次为绿泥石化、高岭土化,在矿体的顶部和两侧有数米厚的高岭土和绿泥石层。

Ⅲ号矿化带位于洋坑村南约 1.5km,产于上侏罗磨石山群大爽组中。矿化带受 F3 断裂构造带控制,呈北北西向展布,长约 100m。F3 为压性断裂,构造带较破碎,宽度约 10m。地表出露矿体宽度约 7m,在 20m 深处宽约 3m,矿体产状 10°~20°∠40°~45°。萤石矿石多呈紫色角砾状，并被后期白色萤石充填。矿石中夹有大量凝灰岩碎屑和玉髓，总体品位约40%，围岩蚀变主要为高岭土化和绿泥石化。

44.2.2 资源储量

八都萤石矿萤石为单一矿种，主要矿石工业类型为普通萤石。矿山累计查明矿石资源储量406.06万吨，CaF_2平均品位约39%。

44.3 开采情况

44.3.1 矿山采矿基本情况

八都萤石矿为地下开采矿山，采用平硐—盲竖井联合开拓，使用的采矿方法为留矿法。矿山设计年生产能力12万吨，设计开采回采率为69%，设计贫化率为9.5%，设计出矿品位（CaF_2）44.92%，萤石矿最低工业品位（CaF_2）为30%。

44.3.2 矿山实际生产情况

2013年，矿山实际出矿量11.24万吨，排出废石1.2万吨。矿山开采深度为425.4~-69m标高。具体生产指标见表44-2。

表44-2 八都萤石矿实际生产情况

采矿量/万吨	开采回采率/%	出矿品位/%	贫化率/%
11.24	81.50%	40.68	3.27

44.4 选矿情况

八都萤石矿选矿厂始建于1973年，1989年扩建，扩建后选矿生产能力320吨/日；2008~2011年选矿厂进行尾矿回收利用工程技改项目，在原有选矿厂西侧新建尾矿选矿厂，建成了12万吨/年的萤石尾矿选矿厂，尾矿回收项目年产萤石精矿3.31万吨。2013年进行采选技术改造，对选矿工艺流程与设备进行改造升级，选矿回收率提高10个百分点。

选矿厂目前设计年选矿能力12万吨，设计入选品位41.56%，最大入磨粒度为25mm，磨矿细度为-0.074mm占80%。破碎流程采用二段一闭路破碎，磨矿流程采用两段闭路流程，选矿采用浮选工艺流程。一段破碎采用PEF400×600颚式破碎机，二段破碎采用圆锥破碎机。原矿经破碎后进入球磨机与螺旋分级机构成的闭路磨矿系统，经两段磨矿后，合格产品进入浮选作业。经一次粗选、两次扫选、六次精选后获得合格萤石精矿。选矿工艺流程如图44-1所示。

2013年入选原矿9.9万吨，入选品位40.68%，选矿回收率82.06%。选矿厂每吨原矿电耗19.2kW·h、每吨原矿磨矿钢耗1.28kg、每吨原矿选矿水耗4.01t。

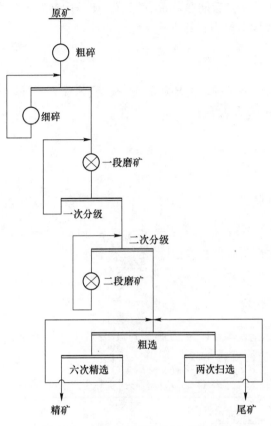

图 44-1　八都萤石矿选矿厂工艺流程

44.5　矿产资源综合利用情况

八都萤石矿为单一萤石矿，矿产资源综合利用率 66.88%，尾矿品位 6.89%。

废石集中堆存在废石场，2013 年排放量为 1.2 万吨。废石利用率为 100%，处置率为 100%。

尾矿集中堆存在尾矿库，截至 2013 年年底，尾矿库累计堆存尾矿 92.6 万吨，2013 年排放量为 6.77 万吨。尾矿利用率为 30%，处置率为 100%。

45 界牌岭萤石锡多金属矿

45.1 矿山基本情况

界牌岭萤石锡多金属矿为露天开采大型矿山，共伴生矿产主要有锡、铜、铅、锌、钨矿等。矿山始建于 1999 年，是第二批国家级绿色矿山试点单位。矿区位于湖南省郴州市宜章县，经 S324 线西行 32km 到达京广线的白石渡火车货运站，西行 41km 至宜章县城，并在宜章县城与 107 国道、京广高速公路相连，矿区至郴州市约 90km，交通方便。矿山开发利用简表详见表 45-1。

表 45-1 界牌岭萤石锡多金属矿开发利用简表

	矿山名称	界牌岭萤石锡多金属矿	地理位置	湖南省郴州市宜章县
基本情况	矿山特征	第二批国家级绿色矿山试点单位	矿床工业类型	热液交代型矿床
地质资源	开采矿种	萤石矿	地质储量/万吨	3596.8
	矿石工业类型	其他类型萤石矿	地质品位/%	34.26
开采情况	矿山规模/万吨·年$^{-1}$	70（大型）	开采方式	露天开采
	开拓方式	公路运输开拓	主要采矿方法	组合台阶采矿法
	采出矿石量/万吨	43.32	出矿品位/%	34.01
	废石产生量/万吨	71.7	开采回采率/%	91.25
	贫化率/%	2.5	开采深度（标高）/m	584~-300
	剥采比/t·t^{-1}	1.66		
选矿情况	选矿厂规模/万吨·年$^{-1}$	70	选矿回收率/%	75
	主要选矿方法	三段一闭路破碎—两段闭路磨矿—浮选		
	入选矿石量/万吨	35.46	原矿品位/%	34.01
	精矿产量/万吨	11.65	精矿品位/%	92.50
	尾矿产生量/万吨	23.81	尾矿品位/%	5.40
综合利用情况	综合利用率/%	68.34	废水利用率/%	60
	废石利用率/%	19.68	尾矿利用率/%	0
	废石排放强度/t·t^{-1}	6.15	废石处置方式	排土场堆存、外销
	尾矿排放强度/t·t^{-1}	2.04	尾矿处置方式	尾矿库堆存

45.2 地质资源

45.2.1 矿床地质特征

界牌岭萤石矿矿床规模为大型矿床，矿床工业类型为热液交代型，矿石类型为其他类型萤石矿石。

界牌岭矿区地处南岭纬向构造带中段北缘。矿区出露地层主要为上古生界石炭系下统石磴子组中厚层白云岩、白云质灰岩、灰岩夹薄层泥质灰岩；石炭系下统测水组石英砂岩、炭质砂质页岩夹劣质煤层；石炭系下统梓门桥组细粗白云岩、生物灰岩；中上统壶天群白云岩、白云质灰岩；呈零星分布的中生代白垩系紫红色砂岩、砂砾岩、钙质砂页岩及地表零星分布的第四系残积、坡积和冲积层。地层总体走向北北东，倾向东或西，倾角10°~30°不等。

矿区主要褶皱构造为界牌岭背斜，属官余复式向斜中的次一级褶皱，由更次一级的三个小背斜和三个小向斜组成。主背斜轴向北东 23°，轴面向东南倾斜，该背斜以 15°~20° 倾伏角向北北东倾伏于良田坪。背斜核部为石磴子组灰岩，两翼由测水组砂页岩组成，形成良好的封闭构造，但东西两翼分别受 F1、F3 两条走向断层所切割。矿区断裂构造较为发育，按其产状可分为近南北、北西、北东三组。

矿区内岩浆活动较强烈，地表出露的大小岩体有 7 个，均呈岩墙、岩脉及岩豆产出，总体走向 10°~20°之间，其中呈岩墙产出者一般倾向南东东，局部倾向北西西，倾角75°~ 90°，地表出露面积不大，最大为 0.12km²，最小者仅 200m²。岩石呈浅灰-浅黄色，具斑状结构，块状构造，斑晶含量约 30%~55%，主要为长石，次为石英，基质主要为石英、长石、黑云母等组成，含量为 45%~70%。

区内的围岩蚀变常见的有云母化、黄玉化、云英岩化、萤石化、硅化、绿泥石化、矽卡岩化、大理岩化及碳酸盐化等。其中云母化、萤石化等与萤石矿化关系密切，矿化强度与蚀变强度呈正相关关系，而云英岩化、云母化、黄玉化、绿泥石化等与锡铅锌矿关系较密切。

本区萤石矿以原生矿石为主，在接近地表有少量的氧化矿石，它们均具有工业意义。萤石矿体虽然矿化连续，矿体厚度大、品位变化较均匀，但 CaF_2 的品位一般不高，属低品位矿石。萤石矿体赋存于界牌岭倾伏背斜轴部的石磴子组灰岩中，故矿体顶底板围岩主要为石磴子组灰岩，部分顶板为测水组砂页岩，且矿体与围岩的界线一般较清楚，一般不含夹石，仅局部有交代不彻底的灰岩透镜体。矿石主要矿物有萤石、黄玉、白云母、绢云母、铁锂云母、方解石等，次要矿物有水铝石、石英、绿泥石等，少见矿物有金绿宝石、氟镁石、硅铍石、黄铁矿、方铅矿、毒砂及锡石。矿石具条带状、浸染状、脉状及块状等构造；其他形晶结构、包含结构、交代等结构。共生矿物组合有萤石、金绿宝石、黄玉、硅铍石等。

矿石自然类型主要为云母萤石型、黄玉云母萤石型，工业类型主要为云母-萤石型、萤石-云母型、黄玉-萤石型，矿石中有益组分主要为 CaF_2，含量为 40.84%~46.98%，次为 $CaCO_3$、SiO_2、Al_2O_3、Fe_2O_3，另有少量的 Sn、Pb、Zn、Cu 等有色金属元素，由于含量很低没有回收价值，BeO 在当前经济技术条件下还不能回收，杂质含量极低。

此外矿区内还存在锡多金属矿矿石质量，矿石矿物成分较为复杂，主要金属矿物有方铅矿、闪锌矿、锡石、黄铁矿、黄铜矿、黑钨矿、毒砂、褐铁矿、菱锰矿等；脉石矿物有萤石、黄玉、长石、石英、方解石、绢云母及黏土矿物等。矿石具星点状、浸染状、脉状及块状等构造；矿石自然类型主要为云英岩化花岗斑岩型、黄玉云母萤石型、石英脉型，工业类型主要为石英-云母-锡铅锌型、黄玉-云母-锡石型、石英-锡石型，矿石中有益共生组分主要为 Sn、Pb、Zn、Cu，伴生组分主要为 Ag、CaF_2。

45.2.2 资源储量

界牌岭萤石锡多金属矿主要矿种有萤石、锡、铜、铅、锌、钨等。萤石累计探明矿石量 3596.8 万吨，萤石矿物量 1232.6 万吨，平均品位 34.26%；伴生 BeO 金属量 53229t，锡金属量 95137t，铜金属量 18008t，锌金属量 1031t，钨金属量 5217t。

45.3 开采情况

45.3.1 矿山采矿基本情况

界牌岭萤石锡多金属矿为露天开采矿山，采用公路运输开拓，使用的采矿方法为组合台阶采矿法。矿山设计年生产能力 70 万吨，设计开采回采率为 92%，设计贫化率为 10%，设计出矿品位（CaF_2）34.25%，萤石矿最低工业品位（CaF_2）为 30%。

45.3.2 矿山实际生产情况

2013 年，矿山实际出矿量 43.32 万吨，排出废石 71.7 万吨。矿山开采深度为 584~-300m 标高。具体生产指标见表 45-2。

表 45-2 界牌岭萤石锡多金属矿实际生产情况

出矿量/万吨	开采回采率/%	出矿品位/%	贫化率/%	露天剥采比/t·t^{-1}
43.32	91.25	34.01	2.5	1.66

45.3.3 采矿技术

矿山主要开采浅部萤石矿，深部锡多金属矿因地质工作程度低，尚没有开发利用。萤石矿体埋藏较浅，部分地段已出露地表，分布于+500~+270m 标高之间，易于开采，矿山开采采用露天开采公路运输开拓方式，开采采用的设备有液压铲、单斗挖掘机、自卸载重汽车等。

45.4 选矿情况

45.4.1 选矿厂概况

矿山现有一座选矿厂，年选矿能力为 70 万吨，设计选矿回收率为 80%。2013 年入选萤石矿 35.46 万吨，入选品位 34.01%，选矿回收率为 75%。矿山采用浮选工艺流程，可获得萤石精矿，品位为 92.5%，产率 32.85%。

45.4.2 选矿工艺流程

采用三段一闭路破碎—两段闭路磨矿—浮选工艺流程，浮选作业采用预先浮选硫化矿，然后浮选萤石矿的优先浮选工艺。流程图如图 45-1 所示。

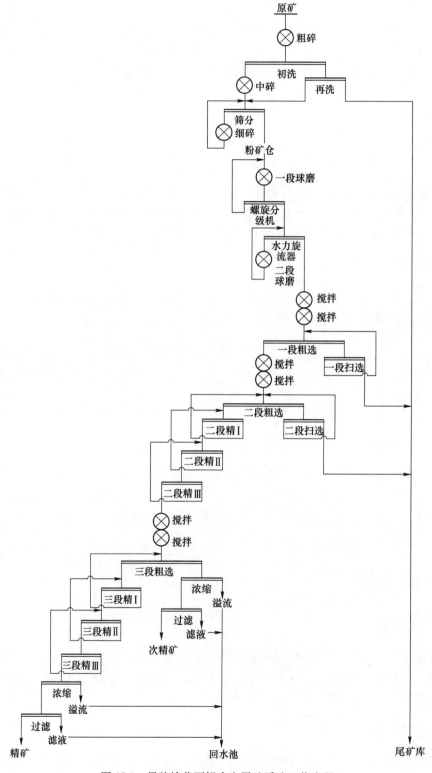

图 45-1 界牌岭萤石锡多金属矿浮选工艺流程

45.5 矿产资源综合利用情况

界牌岭萤石锡多金属矿主要矿产萤石，伴生有铍金属等，矿产资源综合利用率68.34%，尾矿品位5.40%。

废石集中堆存在废石场，截至2013年年底，废石场累计堆存废石675.97万吨，2013年排放量为71.7万吨。废石利用率为19.68%，处置率为100%。

尾矿集中堆存在尾矿库，截至2013年年底，尾矿库累计堆存尾矿171.04万吨，2013年排放量为23.81万吨。尾矿利用率为零，处置率为100%。

46　岭坑山萤石矿

46.1　矿山基本情况

　　岭坑山萤石矿为地下开采的大型矿山，无共伴生矿产。矿山始建于 2006 年，2008 年 10 月投产。矿区位于浙江省金华市兰溪市，离兰溪市城区北东约 30km，矿区通过约 8km 乡间公路与兰浦公路相接，距铁路兰溪站约 30km，交通便利。矿山开发利用简表详见表 46-1。

表 46-1　岭坑山萤石矿开发利用简表

基本情况	矿山名称	岭坑山萤石矿	地理位置	浙江省金华市兰溪市
	矿床工业类型	中-低温热液充填型萤石矿床		
地质资源	开采矿种	萤石矿	地质储量/万吨	220.26
	矿石工业类型	单一型萤石矿	地质品位/%	42.22
开采情况	矿山规模/万吨·年$^{-1}$	15（大型）	开采方式	地下开采
	开拓方式	斜井开拓	主要采矿方法	浅孔留矿采矿法
	采出矿石量/万吨	9.62	出矿品位/%	42.22
	废石产生量/万吨	1.5	开采回采率/%	83
	贫化率/%	8.64	开采深度(标高)/m	260~50
	掘采比/米·万吨$^{-1}$	171		
综合利用情况	综合利用率/%	83	废石处置方式	堆存地表

46.2　地质资源

　　岭坑山萤石矿矿床类型为潜火山期后中-低温热液充填型萤石矿床。矿区位于江山-绍兴深断裂带北西侧，大地构造位置属扬子准地台钱塘台褶带，常山-诸暨拱褶带，芳村-河上隆褶断束中段的墩头白垩纪断陷盆地的北西边缘断裂带中。区域燕山晚期岩浆侵入活动较强烈，岩体一般规模较小，产状、形态明显受区域断裂构造控制。主要岩性有花岗斑岩、英安玢岩及辉绿玢岩等。

　　矿区构造主要为北东向断裂，是区域白岩下断裂中段，为白垩纪断陷盆地的边缘断裂带，在矿区及南西侧约 4.5km 呈透镜状分为南北二条，间夹强硅化寿昌组地层，中心间距约 700m，两端合并为一。矿区位于早白垩世墩头盆地北西侧边缘，白岩下北东向压扭性断裂中段。出露地层有侏罗系中统渔山尖组下段、上统寿昌组及白垩系下统横山组，地层总体呈北东向展布，低洼地带有第四系松散沉积层分布。

矿石的矿物组成较简单，主要为萤石和石英（玉髓），此外有少量方解石、高岭土、绢云母、绿泥石及黄铁矿等。矿物组合类型可划分为萤石型、石英-萤石型和萤石-石英型三种。矿石结构简单，主要为半自形-他形粗晶集合体结构和破碎结构，次有微粒状结构等。

矿石构造主要有正角砾状、负角砾状、梳状构造等。围岩蚀变有构造带挤压变质作用和热液蚀变作用两种，前者表现为沿破碎带普遍发育碎裂岩、碎粉岩或碎块岩；后者主要表现为硅化、绢云母化、黄铁矿化、绿泥石化、碳酸盐化。

岭坑山萤石矿为单一萤石矿床，矿区累计查明资源储量 220.259 万吨。

46.3　开采情况

46.3.1　矿山采矿基本情况

岭坑山萤石矿为地下开采矿山，采用斜井开拓，使用的采矿方法为留矿法。矿山设计年生产能力 15 万吨，设计开采回采率为 90%，设计贫化率为 10%，设计出矿品位（CaF_2）45%，萤石矿最低工业品位（CaF_2）为 30%。

46.3.2　矿山实际生产情况

2013 年，矿山实际出矿量 9.62 万吨，排出废石 1.5 万吨。矿山开采深度为 260~50m 标高。具体生产指标见表 46-2。

表 46-2　岭坑山萤石矿实际生产情况

出矿量/万吨	开采回采率/%	出矿品位/%	贫化率/%	掘采比/米·万吨$^{-1}$
9.62	83	42.22	8.64	171

46.3.3　采矿技术

地下开采为斜井开拓，采用浅孔留矿法、伪倾斜全面法、房柱采矿法和分段崩落法等采矿方法。地下开采采用轨道矿车运输。

46.4　选矿情况

矿山生产的矿石未经选矿处理的以原矿销售。

46.5　矿产资源综合利用情况

岭坑山萤石矿为单一萤石矿，矿产资源综合利用率 83%，矿山无选矿厂。

废石 2013 年集中堆存地表，计划将废石填埋在地下采空区。无选矿厂因此无尾矿。

47 南舟萤石矿

47.1 矿山基本情况

南舟萤石矿为地下开采的大型矿山，无共伴生矿产。矿山始建于 1996 年 7 月。矿区位于福建省南平市顺昌县，距顺昌县城约 15km，交通十分方便。矿山开发利用简表详见表 47-1。

表 47-1 南舟萤石矿开发利用简表

基本 情况	矿山名称	南舟萤石矿	地理位置	福建省南平市顺昌县
	矿床工业类型	中低温热液充填型矿床		
地质 资源	开采矿种	萤石矿	地质储量/万吨	116.67
	矿石工业类型	单一型萤石矿	地质品位/%	36.89
开采 情况	矿山规模/万吨·年⁻¹	10（大型）	开采方式	地下开采
	开拓方式	平硐—斜坡道联合开拓	主要采矿方法	留矿采矿法
	采出矿石量/万吨	14.37	出矿品位/%	36.22
	废石产生量/万吨	0.7	开采回采率/%	80.04
	贫化率/%	4.7	开采深度（标高）/m	315.5~140
	掘采比/米·万吨⁻¹	58.76		
选矿 情况	选矿厂规模/万吨·年⁻¹	15	选矿回收率/%	80.93
	主要选矿方法	二段磨矿——粗六精二扫的浮选工艺		
	入选矿石量/万吨	14.37	原矿品位/%	25.95
	精矿产量/万吨	2.99	精矿品位/%	98
	尾矿产生量/万吨	11.38	尾矿品位/%	6.24
综合 利用 情况	综合利用率/%	64.72	废水利用率/%	0
	废石利用率/%	0	尾矿利用率/%	95
	废石排放强度/t·t⁻¹	0.23	废石处置方式	排土场堆存
	尾矿排放强度/t·t⁻¹	3.81	尾矿处置方式	尾矿库堆存、筑路

47.2 地质资源

47.2.1 矿床地质特征

南舟萤石矿矿床为易采易选的大型中低温热液充填型矿床。矿区内地层较单一，除第四纪残坡积、冲洪积层外,仅出露早元古代南山岩组地层,分布于矿区的西北部,岩性为中厚层状黑云斜长变粒岩夹薄层状黑云石英片岩,岩石具鳞片花岗变晶结构,细片麻状构造,由斜长石、石英、黑云母等组成。

斜长石呈他形粒状,均已强烈水云母化,呈假象残留,含量65%~70%;石英呈他形粒状,透明无色,弱波状消光,含量10%~15%;黑云母呈片状,平行定向排列,深褐色弱多色性,被一些氧化铁污染,含量15%~20%。

岩石中发育片理构造和石英条带,石英条带呈脉状、豆荚状等顺片理分布,延伸短,含量为5%~10%。局部见钙硅质岩夹层,受前加里东韧性剪切带及断裂影响,片理及产状变化较大,总体走向北北东。矿区以北东向(断裂)构造最为发育,其次为北北东向断裂构造带。

矿区位于晚侏罗世深成岩体西部边缘,岩体相带发育,中心相为肉红色少斑中粒钾长花岗岩,边缘相为含斑中细粒钾长花岗岩和肉红色斑状细粒花岗岩。岩体呈北东向展布。此外矿区内还可见一些(斑状)细粒花岗岩脉(γ)、中性岩脉(δ)及石英脉(q),均呈北东向侵入于各类岩石中。

矿区主要矿体为I号矿体和III号矿体。I号矿体位于矿区的北东部,规模较大,控制程度高。矿体形态较简单,顶、底界面多呈平直面,沿走、倾向略呈舒缓波状,总体形态为一长透镜体。长轴为北东向。矿体地表露出长约270m,往深部逐渐收缩。矿体产状为:走向北东45°~60°,倾向南东,倾角60°~85°,总体产状为145°∠60°~80°。在横剖面上,矿体总体呈长楔形。顶板倾角较陡,一般在65°~85°;底板略缓,一般为55°~70°。矿体厚度最大32.72m,最小2.86m,平均14.59m,厚度变化系数36.83%。往深部有变厚的趋势。矿体厚度沿倾向的变化,基本是中部厚,地表略薄,深部变薄尖灭。

III号矿体见于矿带中段、南西段,是目前地表矿体出露规模最大的矿体,平面上呈"豆荚状"。矿体总体产状为走向北东60°左右,倾向南东,倾角60°~85°,底板相对较陡(局部为直立)。矿体地表出露长约420m,厚2.86~30.65m,平均11.19m。矿体往北东和南西方向有变薄尖灭的趋势。

矿区矿石的矿物成分以萤石、石英(含蛋白石、玉髓等)为主,含量占90%以上,两者互为消长。此外尚有少量叶蜡石、高岭土、钾长石、黝帘石等。萤石多为翠绿、浅绿、无色-淡白色,局部见淡紫色,半透明-透明,多呈半自形-他形粒状,结晶较粗大,解理发育。矿石的化学成分以CaF_2、SiO_2为主,两者含量占90%~95%或更高,呈互为消长关系,其他化学成分含量甚微 $CaCO_3$ 0.39%固定碳含量1.46%;$BaSO_4$ 0.33%~0.8%;S 0.004%~0.1%;P 0.01%~0.05%。不影响精矿质量。CaF_2为矿石中唯一的有益组分。矿石的构造最常见的是块状、角砾状,此外有团块状、晶簇-晶洞状、条带状等。石英-萤石型组合在矿体中最常见,多具块状构造,以翠绿、浅绿色,半自形粒状萤石为主,伴有少量粒状石英、团块状蛋白石,相互嵌接成集合体,该矿物组合型矿石多为富矿,少数为贫矿。

单矿物型萤石呈脉状或团块状产出,以浅绿色萤石常见,呈半自形-他形粒状晶体,彼此紧密相嵌。萤石碎裂明显,沿裂隙多充填有薄膜状、细脉状石英。该类矿石分布较广,贫矿、富矿及围岩中均有见及。

47.2.2 资源储量

南舟萤石矿为单一萤石矿矿床，矿区累计查明资源储量 116.67 万吨，折合 CaF_2 量 43.04 万吨，CaF_2 平均品位为 36.89%。

47.3 开采情况

47.3.1 矿山采矿基本情况

南舟萤石矿为地下开采矿山，采用平硐—斜坡道联合开拓，使用的采矿方法为留矿法。矿山设计年生产能力 10 万吨，设计开采回采率为 80%，设计贫化率为 10%，设计出矿品位（CaF_2）33.2%，萤石矿最低工业品位（CaF_2）为 30%。

47.3.2 矿山实际生产情况

2013 年，矿山实际出矿量 14.37 万吨，排出废石 0.7 万吨。矿山开采深度为 315.5~140m 标高。具体生产指标见表 47-2。

表 47-2　南舟萤石矿实际生产情况

出矿量/万吨	开采回采率/%	出矿品位/%	贫化率/%	掘采比/米·万吨$^{-1}$
14.37	80.04	36.22	4.7	58.76

47.3.3 采矿技术

矿山采用浅孔留矿法采矿，所采用的设备见表 47-3。

表 47-3　南舟萤石矿采矿设备明细

序号	设备名称	型　号	数量/台
1	凿岩机	YT-24	6
2	局扇	YBT5.5	7
3	电动空压机	LG-10.5/8G	1
4	电动空压机	VF-7/7 型	1
5	电动空压机	7A61538 型	2
6	风机	BKY60-09.0/L	1
7	变压器	S_9-500KVA/10、10/0.4KV、D/Yn-11	1
8	矿用变压器	KS_9-100KVA/10、10/0.4KV、D/Yn-11	1

47.4 选矿情况

选矿厂设计选矿年生产能力 15 万吨，设计入选品位 33.2%，最大入磨粒度 20mm，磨矿细度 -0.15mm 占 80%。选矿厂产品为制酸级萤石精粉。选矿厂采用二段磨矿——粗六精二扫的浮选工艺流程。

2011 年入选矿石 14.37 万吨，入选品位 25.95%；精矿产率 21.43%，精矿品位 98%，选矿回收率 80.93%。

47.5 矿产资源综合利用情况

南舟萤石矿为单一萤石矿，矿产资源综合利用率 64.72%，尾矿品位 6.24%。

废石集中堆存在废石场，截至 2013 年年底，废石场累计堆存废石 11.60 万吨，2013 年排放量为 0.7 万吨。废石利用率为零，处置率为 100%。

尾矿集中堆存在尾矿库，截至 2013 年年底，尾矿库累计堆存尾矿 9.8 万吨，2013 年尾矿产生量 11.38 万吨，尾矿排放量为 3.67 万吨。尾矿利用率为 95%，处置率为 100%。

48　双江口萤石矿

48.1　矿山基本情况

双江口萤石矿为地下开采大型矿山，共伴生为铅锌矿。矿山始建于1972年，当时属于国营衡南县萤石矿，2003年改制为有限责任公司，是第三批国家级绿色矿山试点单位。矿区位于湖南省衡阳市衡南县，距衡阳市城区37km，东与衡东县毗邻，西距京广铁路20km、京珠高速公路18km，南距衡阳-花桥省级公路25km，矿区有公路与区内主要交通干线相连，交通运输方便。矿山开发利用简表详见表48-1。

表 48-1　双江口萤石矿开发利用简表

基本情况	矿山名称	双江口萤石矿	地理位置	湖南省衡阳市衡南县
	矿山特征	第三批国家级绿色矿山试点单位	矿床工业类型	热液充填型矿床
地质资源	开采矿种	萤石矿	地质储量/万吨	594.5
	矿石工业类型	其他类型萤石矿	地质品位/%	52.97
开采情况	矿山规模/万吨·年$^{-1}$	15（大型）	开采方式	地下开采
	开拓方式	竖井开拓	主要采矿方法	充填采矿法
	采出矿石量/万吨	12.69	出矿品位/%	44.69
	废石产生量/万吨	6.7	开采回采率/%	85.90
	贫化率/%	7.03	开采深度（标高）/m	200～-300
	掘采比/米·万吨$^{-1}$	287.5		
选矿情况	选矿厂规模/万吨·年$^{-1}$	13	选矿回收率/%	90.86
	主要选矿方法	三段一闭路破碎、粗精再磨精选		
	入选矿石量/万吨	13.65	原矿品位/%	40.66
	精矿产量/万吨	5.73	精矿品位/%	98
	尾矿产生量/万吨	7.92	尾矿品位/%	4.20
综合利用情况	综合利用率/%	78.05	废水利用率/%	91
	废石利用率/%	100	尾矿利用率/%	100
	废石排放强度/t·t^{-1}	1.17	废石处置方式	回填
	尾矿排放强度/t·t^{-1}	1.38	尾矿处置方式	生产氟硅砂和尾砂砖

48.2　地质资源

48.2.1　矿床地质特征

48.2.1.1　地质特征

双江口萤石矿矿床为热液充填型，矿床规模为大型矿床，矿石类型为其他类型萤石矿石。矿区位于湘东新华夏系断隆带南部。其南西为衡阳断陷盆地东缘，东为川口复式背斜。衡阳盆地为一套中新生代的红色碎屑岩，川口复式背斜轴部出露的地层为前震旦系板溪群，并有小岩体群出露，翼部主要为上古生界，大面积分布，下古生界出露较少。

区域内断裂构造发育，以北东向为主，规模大，延伸长达数十公里，次有北西向和近南北向断裂。构造活动时间较长，从海西期之前至燕山晚期均有活动。

区域内出露的岩浆岩除矿区所在的将军庙黑云母花岗岩体外，还有狗头岭花岗闪长岩、吴集花岗闪长岩、石英二长岩、白连寺黑云母花岗岩、川口二长花岗岩、东岗山石英斑岩脉等。它们均属于酸性岩浆岩，形成于印支-燕山晚期，呈岩株或岩脉产出，一般剥蚀程度较浅，出露面积不大，且多具矿化现象，从微量元素来看，钨的平均含量较高，特别是将军庙岩体中钨元素含量达 $400×10^{-6}$。

A 地层：矿区位于将军庙花岗岩体内，矿体受构造破碎带控制，故矿区内除一小部分中泥盆统跳马涧组碎屑岩和棋梓桥组碳酸盐岩已遭受蚀变的捕房体外，无系统的地层分布。

B 构造：矿区的构造仅有断裂。主要断裂构造为将军庙-枫林断裂破碎带，呈北东东向贯穿全区，长 12km，倾向南东，倾角 70°左右。断裂在平面上和剖面上均呈舒缓波状，为压扭性断裂，并于其后受张力作用再次活动，形成萤石角砾，从而断裂具有先压扭后张性质。该断裂旁侧有氟热水溶液运移的通道，也是萤石矿体的容矿空间。断裂破碎带旁侧发育二组派生构造裂隙，走向北东、北西或近南北，裂面平直，成群出现，与主干断裂斜交，其间为石英脉充填，局部见黄铁矿化、方铅矿化、重晶石化。

C 岩浆岩：矿区出露的岩浆岩为将军庙花岗岩体，分为主体和补体。主体岩性为中细粒斑状黑云母花岗岩，同位素年龄值为 271 百万年，为燕山期产物。补体岩性为细粒黑云母花岗岩，为燕山晚期产物。

岩体呈岩株产出，长轴方向 50°，出露总面积 35km²。岩体内部流动构造不明显，但局部见扁长形围岩捕房体，岩体剥蚀程度不深。萤石矿体赋存于硅化绢云母化花岗岩破碎带中，含矿地段附近两侧花岗岩中不同程度地含有萤石，说明岩体本身含氟较为普遍。岩体接触带变质作用不强，仅见有角岩化，局部大理岩化，微弱的硅卡岩化。岩体内破碎带的岩石及其附近围岩遭受硅化，向外依次是绢云母化、绿泥石化、钠长石化、高岭土化，并被晚期的重晶石化、碳酸盐化所叠加。其中硅化、重晶石化与萤石、铅锌矿化关系较为密切。

48.2.1.2　矿石质量

矿石的主要矿物为萤石，伴生主要矿物为方铅矿。次要矿物为闪锌矿、黄铜矿和微量的辉铅矿、赤铜矿和蓝铜矿等。脉石矿物主要为石英，次为方解石、钾长石、重晶石、白云石及黏土矿物等。

萤石为主要有用矿物，含量高，呈半自形晶，粒径大于 2mm。萤石的形成以第二硅化期为主，第三硅化期次之。最大的特点是，成矿后受应力作用的影响，矿石遭受不同程度的破碎，轻者产生裂缝，重者破碎呈角砾，沿砾碎裂缝充填晚期石英，对萤石有溶蚀现象，使萤石与石英呈复杂的镶嵌关系。

萤石矿石中以 CaF_2 和 SiO_2 为主，二者之和多在 94% ~ 97% 之间，Al_2O_3、Fe_2O_3 和 MgO 含量随 SiO_2 含量增高而增高，$CaCO_3$ 和 BaO 含量则随 CaF_2 含量的增高而增高。S、P、Pb、Zn 含量很低，而且 Pb、Zn、S 呈方铅矿、闪锌矿产出，可在萤石浮选过程中将其分离。

48.2.2　资源储量

双江口萤石矿主要矿种为萤石，伴生的方铅矿体，矿体规模小，分布于萤石矿体顶底部，埋藏深度较大，无开采价值，矿山未综合利用。截至目前，累计探明资源储量共计矿石量 594.5 万吨，CaF_2 量 314.9 万吨，平均品位为 52.97%。

48.3　开采情况

48.3.1　矿山采矿基本情况

双江口萤石矿为地下开采矿山，采用竖井开拓，使用的采矿方法为充填采矿法。矿山设计年生产能力 15 万吨，设计开采回采率为 85%，设计贫化率为 10%，设计出矿品位（CaF_2）52%，萤石矿最低工业品位（CaF_2）为 30%。

48.3.2　矿山实际生产情况

2013 年，双江口萤石矿实际出矿量 12.69 万吨，排出废石 6.7 万吨。矿山开采深度为 200 ~ -300m 标高。具体生产指标见表 48-2。

表 48-2　双江口萤石矿实际生产情况

出矿量/万吨	开采回采率/%	出矿品位/%	贫化率/%	掘采比/米·万吨$^{-1}$
12.69	85.90	44.69	7.03	287.5

48.3.3　采矿技术

双江口萤石矿自 1972 年创办以来，最早采用小露天开采，1975 年开始采用地下开采方式，斜井开拓，分中段、浅孔留矿采矿法，矿房采完后一次充填。充填料除取自井下掘进废石外，不足部分由地面废石场提供。竖井已达 -100m，盲斜井已达 -175m，目前开采深度已达 375m（+200 ~ -175m）。主要采掘设备见表 48-3。

表 48-3　双江口萤石矿主要采掘设备

序号	设备名称	设备型号	数量/台
1	翻斗矿车	0.75m³U 型	24
2	凿岩机	YT24	16
3	向上式凿岩机	YSP45	10
4	混凝土喷射机	HPH6	2
5	通风局扇	JK58.1-No.4	10

48.4　选矿情况

48.4.1　选矿厂概况

双江口萤石矿选矿厂年选矿能力为 13 万吨，设计选矿回收率 80%，2013 年入选萤石矿 13.65 万吨，入选品位 40.66%，实际选矿回收率为 90.86%。选矿工艺采用一粗一扫、精矿再磨五次精选的生产流程。精矿产率 36.04%，其中 CaF_2 产率 98%、SiO_2 产率 0.8%、$CaCO_3$ 产率 0.4%。

48.4.2　选矿工艺流程

井下采出矿石块度为 350~0mm，在坑口经冲洗后，用汽车运至露天堆场，经前装机铲入受矿仓。受矿仓的矿石由槽式给矿机均匀给入胶带机输送到中、细破碎缓冲矿仓。再由缓冲矿仓下的槽式矿机给入双层振动筛。大于 50mm 粒度矿石给入颚式破碎机中碎，大于 15mm 且小于 50mm 粒度的矿石自流入圆锥破碎机进行细碎。中、细破碎的排矿合并返回中、细破碎缓冲矿仓。小于 15mm 粒度的筛下合格产品由胶带机输送至磨矿仓。

磨矿仓内的矿石给入棒磨机。棒磨与振动细筛构成第一段闭路磨矿，磨矿细度 -0.074mm 占 45%~50%。筛下矿浆自流入粗选前的 1 台搅拌槽中，经加药搅拌进入粗选、扫选作业抛弃尾矿，粗、扫选泡沫泵至恒压箱，再给入与 MQY1530 球磨机组成闭路的旋流器中。旋流器溢流细度为 -0.074mm 含量大于 80%，经一次精选、一次精扫选丢尾，一次精泡沫再进行 5 次精选，得最终精矿。精选尾矿集中进 ϕ12m 浓缩机浓缩脱水、脱泥后泵送到中矿单独处理系统，泡沫产品返回第三次精选作业，进行闭路循环。

精矿矿浆经 ϕ15m 浓缩机脱水泵送到 18m² 盘式过滤机过滤。滤饼含水 11%~12%。工艺流程图如图 48-1 所示，主要选矿设备见表 48-4。

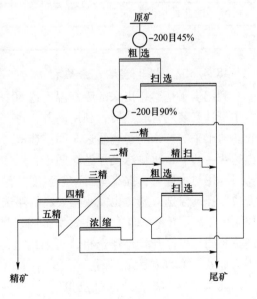

图 48-1　双江口萤石矿选矿厂选矿工艺流程

表 48-4　双江口萤石矿选矿厂主要选矿设备

序号	设备名称	规格型号	单位	数量
1	颚式破碎机	PEF400×600	台	1
2	颚式破碎机	PEF250×600	台	1
3	圆锥破碎机	PYZ-900	台	1
4	振动筛	SZ1500×3000	台	1
5	棒磨机	2100×2200	台	1
6	球磨机	MQY1530	台	1
7	螺旋分级机	FLG 1500	台	1
8	螺旋分级机	FLG 1200	台	1
9	浮选机	XJK-2.8	台	38
10	圆盘式真空过滤机	PZG18	台	3

48.4.3　选矿新技术、新设备应用

48.4.3.1　新型选矿药剂

根据矿石自主研制一种新型选矿药剂——乳化油酸。利用预先分散，油酸更易充分分散为细小油滴，在浮选过程中反应快，能有效吸附矿浆中有用成分。该选矿药剂使用量少，能有效地降低产品中 SiO_2 含量，提高 CaF_2 的回收率（见表 48-5）。一般通用的油酸气温在 5℃ 以下就不能发挥作用，而乳化油酸能在 0℃ 以上、5℃ 以下的低温环境下发挥作用，确保了矿山企业在冬季能正常选矿作业。

表 48-5　乳化油酸和通用的油酸选矿效果对比

项　目	乳化油酸选矿	通用油酸选矿
产品 SiO_2 含量/%	0.8	1.7
CaF_2 的回收率/%	87.65	83.2

48.4.3.2　烘干窑烟气余热利用

利用烘干精窑排出来的废气温度达 80~95℃，经过烟道到一次收尘室的温度为 65℃。自主设计安装列管收热器，利用高差，将高位水池的水用管路输送到收尘室的收热器，从收热器出来的热水输送到浮选车间浮选槽。列管收热器二次通过收尘室，连通热水管的水温达 45~49℃，再输送到浮选车间进入浮选槽的水温达 20~22℃。

利用热水选矿，提高萤石矿浆温度，浮选药剂活化剂和抑制剂的作用增强、起泡速度变快，提高浮选效率，也能获得较高的浮选指标，选矿回收率提高 1%~2%，尾砂品位比原来的下降了 1%~2%。浮选效率提高，浮选速度加快，单台浮选设备的产能提高 5%，产量相同时可停开 2 台浮选机，可节约电能 22kW·h，年可节约电能 $15.84×10^4$kW·h，年增加效益 12.67 万元。

48.4.3.3　陶瓷过滤机应用

原有 4PLG-18/4 线性内滤式金属过滤机电耗高，滤饼含水率为 16%~17%，产能小

（18m²）。更换成 1 台 KS30 陶瓷过滤机，10 个过滤碟，产能大（30m²）。

陶瓷过滤机优点：（1）节能高效，处理能力大，节能效果明显。处理能力大于 1100kg/m²，与传统圆盘、外滤过滤机相比较，节约能耗 80% 以上。（2）自动控制和完善自动保护功能，高性能系列机型采用程序自动控制，自动进料、自动清洗，降低了操作人员劳动强度及减少了操作人员数量。具有故障自动报警系统，故障的异常显示功能，高低座位报警显示，并自动排除或关机人工处理。（3）环保效果明显，滤液清澈可循环利用。

48.5　矿产资源综合利用情况

双江口萤石矿为单一萤石矿，矿产资源综合利用率 78.05%，尾矿品位 4.20%。

废石集中堆存在废石场，截至 2013 年年底，废石场累计堆存废石量为零，2013 年排放量为 6.7 万吨。废石利用率为 100%，处置率为 100%。

尾矿集中堆存在尾矿库，截至 2013 年年底，尾矿库累计堆存尾矿 78.3 万吨，2013 年排放量为 7.92 万吨。尾矿利用率为 100%，处置率为 100%。

49　苏莫查干敖包萤石矿

49.1　矿山基本情况

苏莫查干敖包萤石矿为地下开采的大型矿山，无共伴生矿产。矿山 1978 年开始投产，位于内蒙古自治区乌兰察布市四子王旗，距四子王旗旗政府所在地乌兰花镇约 210km，东距集二线赛汉塔拉火车站 130km，北东距二连浩特 90km，南距呼和浩特市 343km，其间均有公路或简易公路相通，交通方便。矿山开发利用简表详见表 49-1。

表 49-1　苏莫查干敖包萤石矿开发利用简表

基本情况	矿山名称	苏莫查干敖包萤石矿	地理位置	内蒙古四子王旗
	矿床工业类型	沉积-彻底改造型萤石矿床		
地质资源	开采矿种	萤石矿	地质储量/万吨	1915
	矿石工业类型	单一型萤石矿	地质品位/%	58.12
开采情况	矿山规模/万吨·年⁻¹	15（大型）	开采方式	地下开采
	开拓方式	斜井开拓	主要采矿方法	留矿采矿法
	采出矿石量/万吨	9.76	出矿品位/%	58.43
	废石产生量/万吨	0.76	开采回采率/%	89.3
	贫化率/%	4.49	开采深度（标高）/m	1065~1007
	掘采比/米·万吨⁻¹	285.3		
选矿情况	选矿厂规模/万吨·年⁻¹	13	选矿回收率/%	83.62
	主要选矿方法	三段一闭路破碎、粗精再磨精选		
	入选矿石量/万吨	9.76	原矿品位/%	58.43
	精矿产量/万吨	4.93	精矿品位/%	96.73
	尾矿产生量/万吨	4.83	尾矿品位/%	19.34
综合利用情况	综合利用率/%	74.67	废水利用率/%	67
	废石利用率/%	39	尾矿利用率/%	0
	废石排放强度/t·t⁻¹	0.15	废石处置方式	排土场堆存和外销
	尾矿排放强度/t·t⁻¹	0.98	尾矿处置方式	尾矿库堆存

49.2 地质资源

49.2.1 矿床地质特征

苏莫查干敖包萤石矿矿床为沉积-彻底改造型萤石矿床。矿区大地构造位置属内蒙古中部地槽褶皱系，苏尼特右旗晚华力西地槽褶皱带，二连坳陷区。区内褶皱构造主体为西里庙向斜及苏莫查干敖包和巴颜敖包紧密褶皱群，断裂较发育。

矿区出露地层为上古生界下二叠统西里庙群第二岩组第四岩段、第三岩组、第四岩组第一岩段、中生界侏罗系上统查干诺尔组，新生界第四系全新统广泛分布。

区内岩浆岩主要为燕山晚期花岗岩（卫镜岩体）的边缘相和派生岩，由花岗斑岩和中细粒似斑状花岗岩组成。区内脉岩见有细粒花岗岩脉、石英脉、闪长玢岩脉、闪石化含斜长角闪岩脉、辉绿玢岩。

由于受岩浆活动的影响，矿区在接触变质作用下，形成了长英质角岩、二云母角岩、石榴石二云母角岩、炭质绢云母绿泥石板岩、红柱石板岩等接触交代变质岩。

矿体赋存于二叠系西里庙群第三岩组底部的碳酸盐岩中，矿体长度大于 2900m，斜深大于 1200m，垂深 588m，平均厚度为 5.55m，最大厚度为 29m。矿石主要由糖粒状萤石组成，脉石矿物有石英、方解石及少量浸染状黄铁矿，含 CaF_2 65%~94%。围岩蚀变程度微弱，近矿凝灰岩中有萤石小透镜体，板岩中见萤石结核与钙质结核。矿石具纹层状、条带状结构，是一种层控沉积改造型矿床。由于在附近的构造破碎带内有伟晶状萤石脉，在一些彻底改造的矿段形成充填交代型矿脉，有分支复合和穿层现象，以及强烈的高岭土化、硅化等围岩蚀变，并有燕山期花岗岩发育，又被认为系岩浆期后热液成矿。

萤石矿石类型较多，每种类型矿石均有不同的结构构造。矿石结构有微-细粒变晶结构、交代残余结构、伟晶结构、伟晶-粗晶结构；交代残缕结构、自形粒状结构、不等粒他形结构、充填再生结构、交代充填结构、交代残缕泥质结构。矿石构造有残留纹层状构造、块状构造、条带状构造、条纹状构造、梳状构造、似同心圆状构造、骨架状构造、角砾-放射状构造、角砾状构造、复角砾状构造。

49.2.2 资源储量

苏莫查干敖包萤石矿为单一萤石矿，矿石工业类型为石英萤石型矿石，整个苏莫查干敖包萤石矿累计探明萤石储量为 1915 万吨。

49.3 开采情况

49.3.1 矿山采矿基本情况

苏莫查干敖包萤石矿为地下开采的大型矿山，采用斜井开拓，使用的采矿方法为留矿法。矿山设计年生产能力 15 万吨，设计开采回采率为 85%，设计贫化率为 5%，设计出矿品位（CaF_2）58.12%，萤石矿最低工业品位（CaF_2）为 30%。

49.3.2　矿山实际生产情况

2013 年，矿山实际出矿量 9.76 万吨，排出废石 0.76 万吨。矿山开采深度为 1065～1007m 标高。具体生产指标见表 49-2。

表 49-2　苏莫查干敖包萤石矿实际生产情况

出矿量/万吨	开采回采率/%	出矿品位/%	贫化率/%	掘采比/米·万吨⁻¹
9.76	89.3	58.43	4.49	285.3

49.3.3　采矿技术

苏莫查干敖包萤石矿（二采区）为地下开采，采用斜井开拓，双翼对角式机械抽出式通风方式。主体采矿方法为留矿采矿法。

49.4　选矿情况

苏莫查干敖包萤石矿选矿厂采用单一浮选工艺，设计年选矿能力为 13.00 万吨，设计 CaF_2 入选品位 55.55%，最大入磨粒度 25mm，磨矿细度 -0.074mm 占 75%。产品为萤石精矿粉。

2013 年入选矿石量 9.76 万吨、入选品位 CaF_2 58.43%、选矿回收率 83.62%。2013 年萤石精矿粉产量 4.93 万吨。

49.5　矿产资源综合利用情况

苏莫查干敖包萤石矿为单一萤石矿，矿产资源综合利用率 74.67%，尾矿品位 19.34%。

废石集中堆存在废石场，截至 2013 年年底，废石场累计堆存废石 44.97 万吨，2013 年排放量为 0.76 万吨。废石利用率为 39%，处置率为 100%。

尾矿集中堆存在尾矿库，截至 2013 年年底，尾矿库累计堆存尾矿 24.89 万吨，2013 年排放量为 4.83 万吨。尾矿利用率为零，处置率为 100%。

参 考 文 献

[1] 冯安生，郭保健，等. 矿产资源概略研究 [M]. 北京：地质出版社，2018.

[2] 冯安生，鞠建华. 矿产资源综合利用技术指标及其计算方法 [M]. 北京：冶金工业出版社，2018.

[3] 《矿产资源综合利用手册》编辑委员会. 矿产资源综合利用手册 [M]. 北京：科学出版社，2000.

[4] 冯安生，吕振福，武秋杰，等. 矿业固体废弃物大数据研究 [J]. 矿产保护与利用，2018（2）：40-51.

[5] 冯安生，许大纯. 矿产资源新“三率”指标研究 [J]. 矿产保护与利用，2012（4）：4-7.

[6] 中国地质科学院郑州矿产综合利用研究所. 全国重要矿山“三率”综合调查与评价 [R]. 郑州：中国地质科学院郑州矿产综合利用研究所.

[7] 冯安生，许大纯，吕振福. 重要矿产开发利用技术与指标 [M]. 北京：地质出版社，2018.

[8] 刘磊，牛敏，郭珍旭，等. 黑龙江某鳞片石墨层压粉碎-分质分选技术研究 [J]. 非金属矿，2019，42（6）：57-61.

[9] 李小双. 我国露天磷矿山采矿工艺发展方向 [J]. 现代矿业，2013：131-133，138.

[10] 魏鹏. 我国磷矿分布特点及主要开采技术 [J]. 武汉工程大学学报，2011，33（2）：108-110.

[11] 王泽群. 块石胶结充填新工艺在新桥硫铁矿的应用 [J]. 矿业快报，2005（5）：7-9.

[12] 尤本勇，林友，夏建波，等. 某地下磷矿分段空场法改进及应用 [J]. 云南冶金，2017，46（6）：1-5.

[13] 张小波，李晓刚. 某萤石矿采矿方法优化设计研究 [J]. 现代矿业，2019，35（11）：134-135，153.

[14] 李丽匣，刘廷，袁致涛，等. 我国萤石矿选矿技术进展 [J]. 矿产保护与利用，2015（6）：46-53.

[15] 杨景辉，雷国栋，岳淑霞，等. 银家沟硫铁矿资源综合利用实践及存在问题分析 [J]. 矿产保护与利用，2013（4）：8-10.

[16] 周苏荣. 萤石矿山绿色开采初探 [J]. 中国高新技术企业，2015（12）：92-93.

[17] 张通，冯晓双. 云浮硫铁矿高品质硫精矿工业生产研究与实践 [J]. 化工矿物与加工，2016，45（6）：73-75，81.

[18] 王隆声. 云浮硫铁矿临边爆破技术优化探讨 [J]. 科技与创新，2017（15）：72-74.

[19] 伍海春. 云浮硫铁矿选矿流程改造实践 [J]. 化工矿物与加工，2011，40（12）：44-46.

[20] 李钟模. 中国硫铁矿床分类及预测 [J]. 化工矿物与加工，2002（9）：29-30.

[21] 冯安生，曹飞，吕振福. 我国磷矿资源综合利用水平调查与评价 [J]. 矿产保护与利用，2017（2）：13-17.

[22] 牛敏，郭珍旭，刘磊. 鳞片石墨选矿工艺进展 [J]. 矿产保护与利用，2018（5）：32-39.

[23] 王丹，吴尚昆，董煜. 我国石墨资源开发利用及产业发展的探讨 [J]. 经济师，2017（9）：57-58，60.

[24] 郑水林. 中国非金属矿加工业发展现状 [J]. 中国非金属矿工业导刊，2006（3）：3-8.

[25] 吴小缓，王文利，于延棠，等. 非金属矿产资源节约与综合利用技术进展 [J]. 中国非金属矿工业导刊，2011（6）：1-3，10.